AVIS

AUX SPÉCULATEURS PATRIOTES,

OU

MÉMOIRE

POUR

L'ÉTABLISSEMENT D'UNE NOUVELLE

NAVIGATION

SUR LA RIVIERE DE SEINE.

Par M. Le Riche, Lieutenant-Particulier au Bailliage de Bar-sur-Seine.

Tuque ades, inceptumque una decurre laborem.
Virg. Georg. Liv. 2.

A PARIS,

Chez
{
Seguy - Thiboust, Imprimeur - Libraire, place Cambrai.
Morin, Libraire de S. A. S. Monseigneur le Duc d'Orléans, N°. 63.
Desenne, Libraire, N°. 216, aux arcades du Palais royal.
La veuve Amaulry, grand'salle du Palais.
}

Et chez les Marchands de Nouveautés.

M. DCC. LXXXVII.

Avec Approbation & Privilège du Roi.

A MONSEIGNEUR

LE COMTE DE BRIENNE,

Lieutenant-Général des Armées du Roi, Miniſtre & Secrétaire d'État.

MONSEIGNEUR,

C'EST à votre amour pour le bien public que je dois la faveur dont vous avez daigné m'honorer, en agréant la dédicace de cet eſſai patriotique. Qui connoît plus que vous cette rare vertu, & qui la met plus en pratique ? L'affection, l'amour de vos Vaſſaux dans vos terres, où vous répandez le bonheur ; la vénération dont vous jouiſſez dans la Province où elles ſont ſituées, en rendent des témoignages fideles.

*A qui, Monseigneur, pou-
vois-je plus justement faire hommage
d'un Ouvrage qui a pour but de
vivifier en partie deux Provinces, dont
une se glorifie de vous avoir vu naître?*

*L'entreprise que je propose, si elle
a lieu, sera sans doute couronnée du
succès, en se faisant sous vos auspices:
elle a pour objet le bien général; & ce
motif est trop puissant auprès de vous,
pour ne pas espérer votre protection.*

Je suis, avec un profond respect,

MONSEIGNEUR,

Votre très-humble & très-
obéissant serviteur,
LE RICHE.

PRIVILEGE DU ROI.

LOUIS, par la grace de Dieu, Roi de France & de Navarre : A nos amés & féaux Conseillers, les Gens tenans nos Cours de Parlement, Maîtres des Requêtes ordinaires de notre Hôtel, Grand-Conseil, Prévôt de Paris, Baillifs, Sénéchaux, leurs Lieutenans Civils, & autres nos Justiciers qu'il appartiendra : SALUT. Notre amé le Sieur LERICHE, notre Conseiller, Lieutenant-Particulier civil & criminel au Bailliage de Bar-sur-Seine, Nous a fait exposer qu'il desireroit faire imprimer & donner au Public un Ouvrage de sa composition, intitulé : *Avis aux Spéculateurs patriotes, ou Mémoire sur l'établissement d'une nouvelle Navigation sur la riviere de Seine*; s'il Nous plaisoit lui accorder nos Lettres de permission pour ce nécessaires. A CES CAUSES, voulant favorablement traiter l'Exposant, Nous lui avons permis & permettons par ces Présentes, de faire imprimer ledit Ouvrage autant de fois que bon lui semblera, & de le faire vendre & débiter par tout notre Royaume, pendant le temps de cinq années consecutives, à compter du jour de la date des Présentes. FAISONS defenses à tous Imprimeurs, Libraires & autres personnes, de quelque qualité & condition qu'elles soient, d'en introduire d'impression étrangere dans aucun lieu de notre obéissance. A la charge que ces Présentes seront enregistrées tout au long sur le Registre de la Communauté des Imprimeurs & Libraires de Paris, dans trois mois de la date d'icelles ; que l'impression dudit Ouvrage sera faite dans notre Royaume & non ailleurs, en bon papier & beaux caracteres ; que l'Impétrant se conformera en tout aux Reglemens de la Librairie, & notamment à celui du 10 Avril 1725, & à l'Arrêt

de notre Conseil du 30 Août 1777, à peine de déchéance de
la présente Permission ; qu'avant de l'exposer en vente, le manuf-
crit qui aura servi de copie à l'impression dudit Ouvrage, sera
remis, dans le même état où l'approbation y aura été donnée,
ès mains de notre très-cher & féal Chevalier, Garde des Sceaux
de France, le Sieur DE LAMOIGNON ; qu'il en sera ensuite
remis deux Exemplaires dans notre Bibliotheque publique, un
dans celle de notre Château du Louvre, un dans celle de notre
très-cher & féal Chevalier, Chancelier de France, le sieur DE
MAUPEOU, & un dans celle dudit sieur DE LAMOIGNON : le
tout à peine de nullité des Présentes ; du contenu desquelles
vous mandons & enjoignons de faire jouir ledit Exposant &
ses ayant-cause pleinement & paisiblement, sans souffrir qu'il leur
soit fait aucun trouble ou empêchement. Voulons qu'à la copie
des Présentes, qui sera imprimée tout au long au commencement
ou à la fin dudit Ouvrage, foi soit ajoutée comme à l'original.
Commandons au premier notre Huissier ou Sergent sur ce requis,
de faire, pour l'exécution d'icelles, tous actes requis & nécessaires, sans demander autre permission, & nonobstant clameur
de Haro, Charte Normande, & Lettres à ce contraires. Car
tel est notre plaisir. Donné à Versailles, le vingt-septieme jour
du mois de Septembre l'an de grace mil sept cent quatre-vingt-
sept, & de notre Regne le quatorzieme. Par le Roi en son
Conseil.

LE BEGUE.

*Registré sur le Registre XXIII. de la Chambre
Royale & Syndicale des Libraires & Imprimeurs de Paris,
N°. 1346, fol. 357, conformément aux dispositions
énoncées dans la présente Permission, & à la charge de
remettre à ladite Chambre les neuf exemplaires prescrits
par l'Arrêt du Conseil du 16 Avril 1785. A Paris,
le 2 Octobre 1787.*

KNAPEN, *Syndic.*

AVANT-PROPOS.

LORSQUE je préfentai, en 1781, ce Mémoire fur l'établiffement de la Navigation de la Seine jufques à Bar-fur-Seine, je ne me déterminai que d'après un examen férieux des avantages qui pouvoient en réfulter. Frappé de la fituation avantageufe de cette Ville, au centre d'un vignoble confidérable & important, avoifiné de ceux de Tonnerre & de Bar-fur-Aube, à la proximité des forges de Champagne & de Bourgogne, des territoires fertiles du Vallage & du Baffigny, placée fur une grande route qui partage, mais pour la plus grande partie, avec celle d'Auxerre, le tranfport des mar-

A

chandises du Dauphiné, de la Provence, du Languedoc, du Lyonois & de la Bourgogne à Paris ; persuadé de la possibilité qu'il y a d'étendre jusqu'à cet endroit, la navigation de la Seine, qui existoit autrefois à Troyes, & d'y fixer l'entrepôt de cette navigation ; j'aurois cru être ingrat envers ma patrie, de né pas travailler à faire valoir des avantages aussi précieux, & de ne pas employer mes efforts pour la tirer de l'état d'inertie où elle reste depuis long-tems, pour donner plus d'énergie à ses habitans, & la rendre plus florissante. Non moins persuadé qu'il se trouveroit, sur les lieux & dans les environs, un aliment capable de soutenir cet établissement, je me déterminai à le pro-

poſer. En faiſant des recherches
ſur cette partie, je découvris un
Arrêt du Conſeil d'Etat du Roi,
revêtu de Lettres-Patentes données
en 1665, lequel, d'après une
viſite préalablement faite du lit de
cette riviere, par Experts, en pré-
ſence de M. de Machaut, pour
lors Intendant de Champagne,
permit à M. le Maréchal du Pleſſis-
Praſlain, Seigneur de Poliſi, d'entreprendre cette Navigation depuis
Nogent juſques à Poliſot, une
lieue au-deſſus de Bar-ſur-Seine.
Je vis, dès-lors, que je n'étois pas
le premier qui eût eu cette idée :
je ne balançai plus, & je haſardai
d'adreſſer à M. Joly de Fleury,
Miniſtre d'Etat, un Mémoire,
dans lequel je m'attachai, non-
ſeulement à rapprocher toutes les

preuves que je pus me procurer
pour assurer la possibilité de l'exécution, mais encore à détailler les
objets de Commerce, capables de
déterminer & de faire la base de
cette entreprise, ainsi que tous les
avantages qui pouvoient en résulter.

D'après les formalités préalables
en pareil cas, les communications
à MM. les Intendans de Champagne & de Bourgogne, de ceux-ci
à leurs Subdélégués, & aux villes
de Troyes & de Bar-sur-Seine,
dont les avis confirmerent ce que
j'avois avancé, ce Ministre char-
gea l'Ingénieur en chef de la province de Champagne, & M. Maillot,
Ingénieur à Troyes, de procéder
à la visite du lit de cette partie de
la riviere. M. Maillot commença le
30 Septembre 1782, cette opéra-

tion, dans laquelle je l'accompagnai jusques à Troyes, il la continua jusques à Marcilly, & la finit le 9 Octobre suivant.

Sur le Procès - verbal qu'il en dressa, après l'avis de l'Ingénieur en chef & celui de MM. les Intendans, & sur le rapport que fit à l'assemblée des Ponts & Chaussées, M. l'Inspecteur - Général de cette partie, cette Navigation fut unanimement reçue & passée le 7 Mars 1783.

Le Gouvernement n'ayant point voulu se charger d'en entreprendre l'exécution, je commençai alors à former, de l'agrément du Ministre, une Compagnie ; mais, avant de rédiger l'Acte d'association , un des Membres , qui connoissoit à fond la Navigation, fut chargé

par le Ministere, d'autres entre-
prises : comme il avoit la confiance
des Capitalistes, & qu'aucun d'eux
ne pouvoit le remplacer, la Société
n'eut pas lieu.

En 1784, quelques Spéculateurs
projetterent d'en former une nouvelle. J'avois laissé copie de mon
Mémoire & de toutes les pieces
relatives à une personne que je
m'étois précédemment associée : ce
Mémoire fut présenté sous une
autre forme, & l'entreprise, solli-
citée. J'en eus connoissance, j'eus
l'honneur de prévenir M. le Comte
de Vergennes , & l'on m'adressa
une Soumission par laquelle on
m'offrit l'option ou de la rente
d'une somme désignée, rembour-
sable à volonté, ou d'une portion
d'intérêts , également spécifiée ;

mais cette Compagnie, que je n'ai connue, si toutefois elle a été véritablement formée, que par un de ses Membres, s'en est tenue à de simples projets.

Ce qu'a donné M. de la Lande, sur cet objet, dans son Traité des Canaux de Navigation, m'ayant fourni de nouvelles lumieres, je me suis déterminé à publier cet Ouvrage. Je ne pouvois le faire dans une circonstance plus favorable. L'établissement que je propose est utile à deux Provinces; & un Ministre qui sut réunir la possibilité de faire le bien de ses Diocésains & de ses Vassaux, au desir de les voir heureux, vient d'être placé à la tête de l'Administration.

Je me suis peu occupé de donner à cet Essai, l'élégance & la forme d'un discours académique; j'ai cru devoir entrer dans un certain détail. Si j'ai des Lecteurs, & que je puisse les convaincre de l'utilité de ce projet, & déterminer l'exécution de l'entreprise, mon but sera rempli. Si le Gouvernement ne juge pas à propos d'entreprendre cet établissement, c'est aux Capitalistes que le goût & le zele patriotique peuvent décider à se réunir pour cet objet, que j'adresse ce petit Ouvrage. Je ne puis le leur rendre intéressant, qu'en les mettant à même de calculer à peu-près le produit & les charges qui seroient la suite de leur association, pour qu'ils puissent diriger leur marche, & s'assurer de la réussite.

MÉMOIRE

Sur la Navigation de la riviere de Seine, depuis Marcilly jusques à la ville de Bar-sur-Seine.

EXPOSER les avantages de la navigation des rivieres dans l'intérieur du Royaume, ce seroit vouloir prouver ce que l'expérience a suffisamment démontré, & ce dont il ne reste plus le moindre doute. C'est un avantage aussi reconnu que celui de ces grandes routes qui, traversant le Royaume, de toutes parts, facilitent, d'une extrémité à l'autre, la circulation libre & aisée de toutes sortes de marchandises : monument éternel de la grandeur & de la munificence de Louis XV. Ces routes ont coûté beaucoup de peines aux Peuples, mais une fois faites, elles les ont amplement dédommagés de leurs fueurs & de leurs facrifices.

Les meilleurs établiffemens font prefque toujours inféparables de quelques inconvéniens; & ces mêmes routes continuellement couvertes de voitures énormes, ont demandé un entretien fréquent & ruineux. Il a fallu avoir recours aux corvées, tirer le Manouvrier de fon travail, & le Laboureur de fa charrue, pour aller les réparer deux fois l'année, fouvent fort loin, quelquefois dans les tems précieux pour les travaux de la campagne, & toujours lorfque les mauvais tems les ont rendus impraticables.

Un autre inconvénient bien digne d'attention, c'eft ce nombre infini de bras enlevés à l'Agriculture, pour les charois qu'exigent les corvées. Attirés par la diffipation des voyages, par l'aifance & la liberté qu'ils goûtent dans les auberges, les Laboureurs fe laiffent facilement féduire; l'efpoir du gain leur fait entreprendre le roulage ; ils ne donnent à la culture de leurs champs, que la plus preffante de celles qu'ils exigent ; le moindre malheur dérange leur fpéculation ; ils finiffent, la plupart, par fe ruiner, ou laiffer leurs terres incultes, par les vendre, & enfin par mendier ; c'eft ce qu'on ne voit que trop fréquemment : le remede eft aifé. Nous devons à l'attention paternelle de Louis XVI, l'abolition des corvées en nature, ne pourrons - nous lui devoir auffi de réduire le roulage à fes juftes bornes, en employant d'autres facilités moins difpendieufes & moins dangereufes pour le tranfport des denrées & marchandifes.

La navigation, au contraire, n'entraîne pas ces inconvéniens ; elle n'occupe guere que des Manœuvres qui, fans cette occupation, deviendroient, peut-être, à charge à la fociété. Mais, quelque attention qu'on ait eu à tirer parti de cet avantage, n'auroit-on pas pu l'étendre plus loin ? Paris, cette capitale immenfément agrandie depuis plufieurs années, fa nouvelle enceinte, qui annonce un accroiſſement plus conſidérable, le nombre de ſes habitans, la conſommation qu'il exige, & qu'augmente plus qu'en proportion un luxe peut-être néceſſaire à notre commerce, ne ſemblent-ils pas demander qu'on s'occupe des moyens d'y faire affluer avec facilité & à peu de frais, toutes fortes de denrées & d'objets de conſommation ? Rien ne paroît plus propre à remplir cette vue, que d'étendre, autant qu'il eſt poſſible, la Navigation des rivieres qui y affluent, lorſqu'elles en ſont ſuſceptibles : on pourvoiroit, par ce moyen, à l'abondance & pour la Capitale & pour les Pays juſqu'où cette navigation ſeroit portée ; le commerce s'augmenteroit par une circulation plus facile : la riviere de Seine paroît être dans ce cas. Sa navigation bornée aujourd'hui à Marcilly, trois lieues au-deſſus de Nogent, n'eſt-elle pas ſuſceptible d'être étendue juſques à la

ville de Bar-fur-Seine, dix-huit lieues
plus loin ?

Pour faire adopter ce projet, on con-
çoit qu'il faut démontrer, 1°. l'avantage
qui doit en réfulter pour la Capitale &
pour les lieux jufqu'où cette navigation
feroit portée ; 2°. l'utilité publique ;
3°. enfin, la poffibilité de l'exécution,
& un aliment fuffifant pour foutenir cet
établiffement, dont il doit être la bafe :
c'eft ce que je vais effayer de faire le
plus clairement & le plus fuccinctement
qu'il me fera poffible.

AVANTAGES RESPECTIFS,

*Entre la ville de Paris & le Comté de
Bar-fur-Seine.*

POUR appercevoir l'avantage qu'en
tireroit la Capitale, il ne s'agit que de
jeter un coup-d'œil fur le produit &
la qualité du vignoble dont Bar-fur-Seine
eft le centre. On peut, dans les bonnes
années, récolter dans la direction des
Aides de cette Ville, cent cinquante

*

mille muids de vin, jauge grosbarre, de deux cent quarante pintes de Paris : l'Inventaire de 1781, où fut présenté ce Mémoire pour la premiere fois, justifie pleinement cette assertion, puisqu'il montoit à cent soixante-six mille muids : il s'y fait une quantité proportionnelle d'eaux-de-vie. L'inventaire de cette partie, montoit, l'année suivante, à deux mille sept cent soixante-sept muids un quart.

La majeure partie de ces vins partent pour Paris & le Plat-Pays ; l'autre est consommée par les villes de Troyes, Nogent, Provins, les Pays riverains de la Seine, &c. ainsi que la Normandie, la Flandre & la Picardie. Parmi ces vins, ceux des Riceys, de Balnot, Avirey, Bagneux, Neuville, Buxeuil, Bar-sur-Seine & Merrey, sont dignes des tables bourgeoises de la Capitale.

Outre cet objet, il y a les vignobles de Poligni, Marolles, Chervey, Bertignoles, Vitry, Bligny, Bergeres & environs, tous lieux éloignés de deux, trois ou quatre lieues de Bar-sur-Seine,

mais de la direction de Bar-sur-Aube,
& ceux de Cussangy, Cheley & Etorvi,
éloignés de cinq lieues, & de la direction
de Tonnerre, qui ne manqueroient pas
d'amener leurs vins à l'entrepôt de la
navigation, puisque ces vins, quoique
meilleurs, pour la plupart, que beaucoup de ce Comté, se vendent toujours à plus bas prix, faute de débouchés & de routes pour en faire la
traite.

Mais il en coûte pour conduire, par
terre, ces vins à Paris, vingt & vingt-
deux livres par muid, au lieu de neuf
ou dix qu'il en coûteroit peut-être par
eau, ce qui feroit un gain de dix ou
douze livres par muid, avantage considérable & important pour le Comté de
Bar-sur-Seine, qui supporte toutes les
charges de la Bourgogne, & une partie
de celles de la Champagne, étant assu-
jetti aux droits d'Aides, plus rigoureux
même qu'ailleurs, comme pays de qua-
trieme ; pays ruiné dans les années abon-
dantes, à cause de l'entrave que la cherté

des chalois apporte à l'enlèvement de fes vins & eaux-de-vie.

On compte, pour fa confommation, environ vingt mille muids; il resteroit donc, dans une telle année, cent quarante-six mille muids de vin, deux mille sept cent soixante-sept muids d'eau-de-vie livrés au commerce, & la majeure partie, deftinée à la Navigation, ainfi que ceux des vignobles des directions de Tonnerre & de Bar-sur-Aube, qu'on vient de citer; car il ne remonte point de ces vins: tout part pour les Pays riverains de la Seine, & autres énoncés plus haut.

Six à fept millions de fer provenant des forges du pays de la Montagne, tant de Bourgogne que de Champagne, y feroient embarqués pour la Capitale, d'où ils circuleroient à peu de frais, fuivant les circonftances, dans les différens ports, pour la Marine.

Les bois jetés maintenant à flot jufques à Marcilly, feroient conduits à Paris, une partie en bois neuf dans les bateaux, l'autre, mife en train dès Bar-sur-Seine,

Bar-fur-Seine, épargneroient aux Marchands, des pertes confidérables, & affureroient d'autant mieux la provifion de Paris. Ce flot eft ordinairement de vingt à vingt - cinq mille cordes qui viennent d'au-deffus de Bar-fur-Seine; celui d'au-deffous, de pareille quantité : ce qui forme environ cinquante mille cordes de bois qui arrivent à Paris, provenant des Pays riverains de la Seine, au-deffus de Marcilly (1).

------

(1) Ces bois font , de tous ceux qui arrivent par eau , les moins eftimés à Paris , où l'on fait une diftinction des bois des rivieres d'Yonne & de Marne , d'avec ceux de la Seine ; auffi ces premiers s'y vendoient-ils plus avantageufement que ces derniers , avant que la difette de bois qui s'eft fait fentir en cette Ville , il y a trois & quatre ans , eût forcé , par le befoin , de ne plus apporter de diftinction de prix entre ces bois.

Effectivement, ceux - ci y arrivent, en partie, dans un état de dépériffement fingulier, dépouillés de leur écorce, & fi imprégnés d'eau, qu'ils font prefque confommés ; de maniere que, brûlant très-vîte, ne répandant que très-peu de chaleur, on eft obligé , pour fe chauffer comme il faut, de doubler la confommation , & conféquemment la dépenfe. Joignons à cet inconvénient, que les cendres prove-

B

Les grains de toute efpece, du pays de la Montagne & du Vallage, feroient

---

nant de ce bois, prefque dépourvues de fels, font d'une foible valeur, parce qu'elles ne peuvent être employées utilement pour le blanchiffage du linge, &c.

D'où vient cette différence de qualité entre ces bois? car ceux qui arrivent par la Seine, fur-tout ceux qui viennent du pays de la Montagne, font tous d'une excellente efpece. Crus dans des terreins fecs, fur les montagnes, la plupart fur la roche, ils ne peuvent être d'une qualité inférieure à ceux des rivieres d'Yonne & de Marne. Voici, je crois, la caufe de leur dépériffement.

Ces bois, jetés à flot dès Ogni, près de Chanceaux, fur la riviere de Seine, & dès Menébles ou Colmier-le-Bas, fur la riviere d'Ource qui fe rend dans la Seine, un quart de lieue au-deffus de Bar-fur-Seine, parcourent, dans un efpace d'un an & demi ou deux ans, quarante lieues, pour être rendus à Marcilly, où ils font mis en trains, & conduits à Paris (je ne calcule ici le chemin que par terre; perfonne n'ignore qu'il doit y en avoir beaucoup plus par eau). Jufques-là, ces bois ont toujours été dans une eau vive & limpide qui les pénetre fur le champ, de façon qu'une grande partie fe trouvant, à des diftances différentes, entièrement imprégnée, s'enfonce dans le lit de la riviere, & y forme une quantité prodigieufe de bois, qu'on appelle bois-canards.

Le flot arrivé au pont Hubert, une demi-lieue

embarqués au port de Bar - fur - Seine pour Paris ; & dans le cas où ces

---

au-deſſous de Troyes, on le tire de l'eau, on l'empile ; on en fait de même des bois-canards qui ſont reſtés ſur le ſable le long de ces rivieres, où ils reſtent ſouvent deux mois, plus ou moins, avant d'en être tirés ; un an après, environ, on le rejette à flot pour arriver à Marcilly, où étant, on recommence la même manœuvre qu'au pont Hubert ; & après cinq ou ſix mois écoulés, on les met en trains pour les amener à Paris.

Les bois de l'Yonne & de la Marne, au contraire, n'ont que très-peu de trajet à faire à flot ; les uns mis en trains dès Clamecy, les autres dès Saint-Dizier, & même au-deſſus, lieux où ces rivieres commencent à être navigables, livrés, preſqu'auſſitôt, à une eau épaiſſe, limoneuſe & battue, à cauſe de la Navigation ; ils ſe trouvent enduits, ſur le champ, d'un limon gras & bourbeux, qui, ſe fixant dans les inégalités de l'écorce, lui fait une eſpece de cuiraſſe glutineuſe, qui empêche l'eau, déja moins active & moins pénétrante, de l'imprégner. N'étant point ſujets à plonger, ni à être ſucceſſivement deſſéchés au ſoleil, puis de nouveau imbibés d'eau, ils arrivent en peu de tems à Paris, dans un état plus ſain, s'y vendent mieux, font plus de profit, ménagent beaucoup la conſommation, & laiſſent des cendres d'une qualité ſupérieure à celles du bois de la Seine.

Curieux de ſavoir d'où provenoit cette altération des bois de la Seine, je me ſuis adreſſé à quelques

Pays viendroient à en manquer, il leur en remonteroit, par eau, de la Brie, à moins de frais que par terre.

Marchands de bois pour la provifion de Paris : ils m'ont dit qu'elle venoit des fels corrofifs de l'eau de cette riviere, qui, pénétrant le bois, le décompofent & le réduifent à l'état de dépériffement où il arrive. Peu fatisfait de cette raifon, puifque l'eau de la Seine eft généralement reconnue pour une des plus faines, j'avois projeté, pour vérifier cette affertion, de me procurer des eaux de ces différentes rivieres, prifes dans les parties fupérieures à leur Navigation, de les analyfer, de répéter cette expérience avec les mêmes eaux, prifes dans leurs parties navigables, & de juger, par le réfultat de ces deux opérations, d'où provenoit la caufe de ce dépériffement; mais n'ayant point de Chymifte à ma portée, ce projet eft refté fans effet ; d'ailleurs, j'ai cru en avoir trouvé la véritable caufe, dans les raifons que je viens de donner. En effet, ces fels, s'ils exiftent, doivent avoir plus d'activité & être bien plus pénétrans dans des eaux crues & limpides, que dans les rivieres navigables, où les eaux continuellement battues, & fourniffant inceffamment au bois une enveloppe glutineufe qui le défend de ces parties pénétrantes, n'offrent pas cet inconvénient. C'eft, fans doute, par cette raifon, que ceux qui viennent du Morvan, quoiqu'ayant parcouru en beaucoup de tems à flot, un efpace confidérable de terrein, n'offrent pas plus d'altération que l'autre bois arrivan

Les laines, les chanvres de ces Pays, qui forment une branche de commerce affez confidérable, les briques, les tuiles,

---

par la riviere d'Yonne. Cette prodigieufe étendue d'eau qu'ils parcourent pour arriver à Clamecy, où ils font mis en trains, n'eft que marais, dont l'eau prefque ftagnante, coule fur un fond bourbeux, dans lequel beaucoup de ces bois s'enfoncent, & reftent fouvent long-tems couverts de vafe, ce qui les con-ferve au point, qu'on les en retire encore plus durs qu'ils n'étoient. Dans les eaux limpides, au contraire, ils refteroient, non pas dedans, mais fur le fable ou fur la pierre, qui ne pourroient les garantir de même, des accidens que nous venons d'expofer.

Au moyen de cette Navigation, ces bois ne fe-roient plus expofés à ces inconvéniens. Retirés de l'eau après un flot de fept à huit jours, environ, ils arriveroient en trois femaines, à peu-près, à Paris, dans des bateaux, ou en trains, auffi fains que ceux d'Yonne & de Marne, fe vendroient auffi facile-ment, & par le profit qu'ils feroient, diminueroient de moitié, la confommation. De là, moins de bras employés à tirer de la riviere, puis empiler, & rejeter alternativement ces bois à l'eau ; de là, moins de droits de chaumage depuis Bar-fur-Seine, à payer aux Propriétaires des Ufines par lefquelles ils paffent, moins de droits d'indemnité aux Proprié-taires des terreins fur lefquels on les empile ; de là, enfin, une épargne confidérable pour les Marchands.

les charbons, feroient encore un objet pour cette Navigation.

On embarqueroit à Lenclos, une lieue-au-deſſous de Bar-ſur-Seine, les terres glaiſes de Villentraudes, ſitué à une lieue de cet endroit, ainſi que celles de Courtenot, qui y touche, ou à Courtenot même, pour les Manufactures de glaces, de verreries & de porcelaines; ces terres ſont excellentes pour ces ſortes d'ouvrages : la preuve en eſt publiquement acquiſe. La Manufacture des glaces de Rouelle en Bourgogne, à dix-ſept lieues de Villentraudes, les Verreries du Bar-ſur-Aubois, toutes celles du Clermontois, pluſieurs de l'Allemagne & de la Suiſſe, celle de Mône, & beaucoup d'autres, ne ſe pourvoient point ailleurs, ainſi que Villers-Coterets; la ville de l'Orient, en Bretagne, en tire auſſi pour les Colonies; Sèvre en a tiré également; mais les frais d'un charrois de quarante-ſix lieues, n'ont pu vraiſemblablement cadrer avec les ſpéculations des Entrepreneurs; & ils ſe

font pourvus ailleurs. Si cette navigation étoit ouverte, Sèvre pourroit se
procurer ces terres aisément, abondam-
ment, & à bon compte. Elles passent
encore pour être parfaites pour les creu-
sets des Orfèvres, & pour le dégraisse-
ment des laines. Les certificats du Fac-
teur, à l'exploitation de ces terres, que
j'ai produit dans le tems, atteste la
vérité de ce que je viens d'avancer.

Bar-sur-Seine seroit un entrepôt pour
une partie des vins de la Bourgogne; ils
y seroient embarqués, ainsi que les fromages de la Suisse, ceux de Franche-
Comté, & les marchandises de l'Allemagne & de la Lorraine, qui fournit
quantité d'ouvrages de boissellerie, atels
de colliers, sceaux, sabots, pelles,
futs de bas, écopes, cuviers, &c.;
différentes sortes de quincailleries, faulx,
limes, fils d'archal & de laiton, &
autres ouvrages en fer; plombs, cris-
taux, meules, meuleaux pour les Taillan-
diers & Couteliers, &c.; suifs, cuirs,
cires & autres marchandises d'épice-

ries, &c. Ces différens articles de commerce feroient amenés au port, en partie, par les Voituriers qui viendroient charger les terres de Villentraudes & de Courtenot, dont nous venons de parler.

Le renvoi confidérable des vieux tonneaux, qui fe fait de Paris dans la direction de Bar - fur - Seine & dans les parties du Tonnerrois & du Bar-fur-Aubois, qui l'avoifinent, fe feroit plus avantageufement par les bateaux de renvoi, que par terre. La ville de Paris feroit remonter, par ces mêmes bateaux, les marchandifes qu'elle fait voiturer à grands frais dans la Bourgogne, le Lyonnois, & autres Pays ; les plâtres, le poiffon falé, les fucres, épiceries, meubles, &c., feroient apportés par la même voie, du moins jufqu'à l'entrepôt de la navigation.

Voilà, en gros, les avantages refpectifs que tireroient de cet établiffement, la ville de Paris, & le Comté de Bar-fur - Seine, qui fourmille de pauvres, parce que la culture de la vigne n'occu-

pant que de certains tems, le Pays man-
quant de Manufactures, & l'argent ne
circulant pas, quantité de malheureux
n'ont, pendant une partie de l'année,
d'autre reffource que de mendier.

AVANTAGES RESPECTIFS,

Entre la ville de Troyes, & celle de Bar-fur-Seine.

TROYES, ville confidérable & riche,
mais abfolument dépourvue de pierres
propres à bâtir, & forcée de ne conftruire qu'en bois, expofée, par conféquent, à des incendies fréquens, dont
on n'a eu que trop d'exemples, pourroit,
par le fecours de cette navigation, fe
mettre à l'abri de ces triftes évènemens.

Cette Ville fait venir de Foucheres,
à fix lieues de chez elle, & à deux de
Bar-fur-Seine, pour faire des murs de
clôture, de la petite rocaille, qu'elle
paie douze & quatorze livres la voiture ;
& ces voitures font très-petites. Si cet
établiffement avoit lieu, outre qu'elle

tireroit cette efpece de matériaux à bien moins de frais, c'eft qu'elle fe procureroit en abondance, des pierres de taille, & de bon moëlon, provenant des carrieres de Polifot, des Riceys, de Neuville, à une & deux lieues de Bar-fur-Seine ; les belles laves de Molême & des Riceys, qui fe poliffent au fable, & font un très-beau pavé, feroient encore enlevées, foit pour cet ufage, foit pour des entablemens, & des tablettes de terraffes. Enfin, cette Ville pourroit bientôt fe rebâtir en pierres (1).

Les marbres de Chaffenay (2), à

---

(1) M. Maillot a confidéré cet article comme devant former un objet très - confidérable pour la navigation.

(2) « M. Valmont de Bomare, dans fon Diction-
» naire d'Hiftoire Naturelle, édition de 1775,
» *in*-8., tom. 6, page 647, s'explique ainfi au
» fujet de ce marbre, au mot *pierre lumacelle*, ou
» de limaçon.

» En 1758, Madame Poncher découvrit, dans fa
» terre de Chaffenay en Champagne, près de Bar-
» fur-Seine, une carriere de Marbre, dont elle fit
» conduire plufieurs blocs à Paris ; le fieur Adam,
» Marbrier du Roi, les a travaillés, & en a fait de

deux lieues de Bar-fur-Seine, feroient exploités pour Troyes & fes environs; & peut-être que l'émulation s'accroiffant, en exploitant ces carrieres, dont on ne connoît que les premiers lits, on pourroit en trouver qui feroit digne d'orner les appartemens de la Capitale.

La ville de Troyes fournit, de toutes fortes de marchandifes, le Comté de Bar-fur-Seine & fes environs. Ces différens Pays tireroient alors, à moins de frais, par les bateaux de renvoi, les

---

» très-beaux ouvrages. Par l'échantillon qui nous en
» a été préfenté, nous y avons reconnu des gry-
» phites, des cochlites, la plupart convertis en
» fpath; le gluten ou la pâte de ce marbre eft d'un
» grain fin, dur, fans fils, fufceptible d'un beau
» poli. Les blocs de la carriere ont ordinairemet
» fix à fept pouces d'épaiffeur, cinq à fix pieds de
» longueur, & trois à quatre pieds de largeur : on
» pourroit en tirer de plus confidérables. Ce marbre
» conchyte nous a paru pour le moins auffi beau
» que le lumachella fi eftimé en Italie.

Dans l'églife de Viviers-fur-Artau, à une demi-lieue de Chaffenay, & à deux lieues de Bar-fur-Seine, j'ai vu un bénitier d'un marbre provenant d'une carriere de Viviers même, qui m'a paru plus beau que celui de Chaffenay.

marchandifes qu'elle leur envoie ; & comme Troyes eft une des plus mal pavées du Royaume, elle pourroit fe repaver avec le beau pavé d'Etrochey, fix lieues au-deffus de Bar-fur-Seine, qui en feroit un entrepôt d'où Troyes le tireroit par eau ; & il n'y a prefque pas de doute que la confommation que cette ville feroit des pierres de toutes efpeces, en excitant l'émulation pour la fouille des carrieres, on n'en découvrît quelqu'une près de Bar-fur-Seine même, qui fourniroit de bon pavé.

UTILITÉ PUBLIQUE.

Que cette quantité prodigieufe de vins & d'eaux-de-vie, tant du Comté de Bar-fur-Seine, que de fes environs, & de la Bourgogne, que les fers d'une partie de cette Province & de celle de Champagne, qui écrafent continuellement la grande route, & la rendent impraticable après cinq ou fix jours de mauvais tems ; que ces objets, dis-je, ainfi qu'une partie des marchandifes allant & venant de Lyon à Paris, soient abandonnés à la navigation; les routes, alors, moins dégradées, en seront meilleures, & demanderont beaucoup moins d'entretien; les Corvéables, & ce nombre infini de Voituriers, seront rendus les uns en partie, les autres entièrement à l'Agriculture.

Les chevaux, cette espece d'animaux, si précieuse, qui devient de jour en jour plus rare & hors de prix, seroient plus ménagés; si la multiplicité des postes en détruit beaucoup, combien n'en font pas périr aussi ces charrois prodigieux, dans les chaleurs de l'été & dans les rigueurs de l'hiver; ces pertes ruinent souvent des Laboureurs, & les forcent ensuite de quitter l'Agriculture. Ces animaux si utiles devenant moins chers, le Cultivateur seroit plus à même de de mieux cultiver les terreins qu'il exploite, & d'en défricher de nouveaux, qui, restant morts pour la société, ne rendent rien à l'Etat.

Quantité de mendians valides, occupés fur les ports, & à la navigation, deviendroient des citoyens taillables, & le Vigneron réduit fouvent à la mifere dans les tems morts pour les ouvrages de fa profeffion, y trouveroit à s'occuper, à gagner de quoi adoucir la rigueur de fon fort, & faciliter le paiement des deniers royaux.

Les habitans du Comté de Bar-fur-Seine, non moins gênés pour payer leurs impofitions, foit qu'ils faffent une récolte trop foible ou trop abondante, les paieroient plus facilement, parce que les frais de tranfport diminués, ils feroient de leurs vins & eaux-de-vie une vente plus prompte & plus avantageufe.

Il eft sûr encore que les vins trouvant par ce moyen, des débouchés plus faciles, quantité de terreins en friches feroient mis en valeur, & augmenteroient par conféquent la maffe des vingtiemes & de la taille, & d'un autre côté celle de l'impôt des Aides.

La remonte des fels, pour lefquels on paie à Bar-fur-Seine, trente-une livres quatre fols de charrois par muid, depuis Nogent, fe feroit à moins de frais par eau, pour les greniers de Villacerf, Troyes, Bar-fur-Seine, & les autres greniers à portée de cette navigation. Ceux deftinés pour les greniers de Muffy, Châtillon, Chaumont, Langres, &c., deviendroient auffi moins coûteux pour les charrois, qui ne fe feroient plus que depuis Bar-fur-Seine, par les Voituriers qui ameneroient des fers, vins, & autres marchandifes à l'entrepôt de cette navigation.

Les coches d'eau établis en cette Ville, offriroient au Public une commodité moins difpendieufe pour les voyages de Paris. Les Nourrices de ce Comté & des environs, qui vont prendre des nourriçons dans la Capitale, & les rapportent fouvent à pied fur leurs bras, depuis Nogent, quelque tems qu'il faffe, feroient ce voyage plus fûrement & plus commodément. La plupart de ces malheureux innocens ne feroient pas ainfi expofés à périr par l'intempérie de l'air, ni ces Nourrices, à gagner, pour tribut de leurs peines, des maladies graves, & quelquefois la mort.

Enfin, la ville de Bar-fur-Seine, qui renferme dans l'enceinte de fes murs, environ dix-huit arpens de terres labourables, fruit malheureux de l'embrâfement général de cette Ville, en 1359, par Broquart de Féneftranges, pour fe faire payer du Duc de Normandie, Régent de France, des fervices qu'il lui avoit rendus contre les Anglois (*a*), fe rebâtiroit & fe repeupleroit bientôt dans cette partie, d'autant plus vraifemblablement, qu'on pourroit y établir le port & le magafin pour la navigation, ainfi que le chantier de conftruction pour les bateaux.

POSSIBILITÉ DE L'EXÉCUTION,

De Marcilly à Troyes.

LA poffibilité de l'exécution n'eft plus un problême, du moins jufques à la

______

(*a*) Froiffart, premier vol., pag. 208 : il y eût, dit-il, neuf cents bons hôtels de brûlés.

ville

ville de Troyes. L'arrêt du Conseil d'Etat du Roi, du 11 Avril 1665, cité plus haut, accordé à M. de Praslain, tranche la question. Malheureusement ce Seigneur mourut dans ces circonstances, & l'exécution de son projet cessa avec lui.

M. de la Lande, dans son Traité des canaux de navigation, imprimé en 1778, indique un autre arrêt du Conseil, accordé en 1655, à un sieur Hector de Boutherone, Seigneur de Bourg-Neuf, pour l'exécution du même projet; mais le plan étoit plus vaste, puisqu'il vouloit pousser cette navigation jusques à la source de la Seine, ainsi qu'on peut s'en convaincre par la lecture de l'expédition des Lettres-patentes données en conséquence, que j'ai levées au Greffe du Parlement. Ces Lettres fixent les droits qu'il auroit eu à percevoir sur cette navigation; mais cette entreprise est encore restée sans effet. Seroit-ce également la mort de ce zélé Patriote, qui en auroit été la cause? ou la France,

après une longue fuite de troubles, ne
pouvoit-elle offrir dans les pays riverains de cette navigation, un aliment
fuffifant pour affurer aux Entrepreneurs,
un dédommagement certain de leurs
peines & de leurs avances, en ce que
Paris étant bien moins peuplé, & le
luxe moins confidérable, cette Ville of-
froit auffi bien moins de confommation ?

Depuis cette époque, la poffibilité
de cette entreprife a été en partie dé-
montrée par l'expérience. Cette navigation a été portée, en 1700, jufqu'à
Troyes, où elle a ceffé en 1720, faute
de commerce fuffifant pour la foutenir.
Effectivement, que pouvoit-on emporter
de Troyes & de fes environs ? à trois
lieues de cette Ville, font trois ou
quatre Paroiffes qui fourniffent d'affez
bons vins ; mais ce petit vignoble fuffit
à peine pour les tables bourgeoifes de
fes Citoyens ; le refte des vignes qui
l'environnent, n'eft propre qu'à la boif-
fon du Peuple, & ne fuffit pas même à
cet ufage. Cet entrepôt qui ne recevoit

presqu'aucune denrée étrangere, deve-
noit inutile. Un tel établissement ne pouvoit donc subsister ; & l'on ose assurer
que toutes les fois qu'un entrepôt de
cette nature ne sera pas placé dans un
pays qui, par lui-même, fournisse le
plus fort aliment de la navigation, par
les denrées crues, & presque portées sur
les lieux, la navigation tombera néceffairement : En voici la preuve. Dans le
tems que celle-ci existoit, elle ne fourniffoit, suivant un rapport d'Experts,
de 1721, que deux bateaux par mois,
partant de Troyes pour Paris. Le Roi
rentra en possession de cette riviere ; les
ouvrages des canaux se dégraderent ; ce
fut alors que se fit le Procès-verbal de
visite, en présence du sieur Duverger.
Il y fut reconnu que cette navigation
ne feroit importante qu'autant qu'elle
feroit pouffée jusqu'à Bar-fur-Seine ; &
elle fut abandonnée.

Nous avons donc la preuve de poffibilité la plus évidente, celle de l'expérience, acquife jusqu'à Troyes.

En 1765, un fieur Richard & Compagnie, entreprirent de rétablir cette navigation, & la porterent jufqu'à Méry où elle fubfifte encore ; mais bien foiblement, parce que le pays ne fournit gueres plus que celui de Troyes, pour l'entretenir : que d'un côté, le petit port de Plancy fur la riviere d'Aube, à deux lieues de cette ville, reçoit prefque tous les grains de fes environs, feul objet de cette navigation ; que d'un autre, les voituriers, foit par intérêt, foit par habitude, préférent de continuer leur route jufques à Nogent, & même jufqu'à Paris, à fe détourner de deux lieues, pour aller décharger leurs voitures à Méry. Enfin, le fieur Richard, faifant curer l'ancien canal de Méry à Troyes, effuya quelques échecs dans fa fortune. L'exécution de ce projet s'en reffentit ; & elle ne fut pas portée plus loin. Son plan étoit, comme le dit M. de la Lande, de l'étendre jufques-à Bar-fur-Seine.

POSSIBILITÉ,

Depuis Troyes jusqu'à Bar-sur-Seine.

Il nous reſte maintenant à démontrer la poſſibilité de cette entrepriſe, depuis Troyes juſques à Bar-ſur-Seine. L'arrêt du Conſeil d'Etat de 1665, cité plus haut, ne permettroit gueres d'en douter : il eſt vrai qu'on ne trouve aucun plan, dévis, & nivellement relatifs à cet arrêt ; mais on n'ignore pas que l'uſage du Miniſtere & du Conſeil eſt de ne jamais accorder d'autoriſation ni de privileges pour de ſemblables entrepriſes, qu'ils ne ſe ſoient, ſur le rapport d'Ingénieurs, rendu certains de la poſſibilité.

L'arrêt accordé au ſieur Hector de Boutherone, à partir de ce même principe, en eſt une nouvelle preuve ; & cet Hector de Boutherone avoit certainement les connoiſſances néceſſaires, puiſqu'il venoit alors d'achever l'entrepriſe qu'il avoit faite du canal de Briare.

Enfin, cette poſſibilité ne peut plus

souffrir de doute après avoir été récemment reconnue le 7 Mars 1783, par l'Assemblée des ponts & chauffées, fur le procés-verbal de M. Maillot, en conféquence du mémoire que j'avois préfenté, comme je l'ai annoncé dans mon avant-propos. Si M. Maillot l'a jugé ainfi dans le tems où il a opéré, il ne doit plus refter la moindre incertitude fur cet objet. Je faifis effectivement, dans la vue de m'affurer d'une navigation conftante & non interrompue, le moment où les eaux étoient au plus bas, pour demander qu'il fût envoyé un Ingénieur; ce qui me fut accordé : & cet Ingénieur fit la vifite du lit de cette riviere le 9 Octobre 1782, & jours fuivans.

J'avois avancé dans mon mémoire, d'après une differtation fur cet objet par M. Grofley, Avocat à Troyes, & de l'Académie des Infcriptions & Belles-Lettres, que cette riviere étoit navigable vers le commencement du dernier fiecle. M. de la Lande en fait auffi

mention (*a*). Les preuves qu'en donne
le premier font : 1.º « (*b*) d'anciens dé-
» nombremens de la Baronie de Chapes,
» (appartenante maintenant à M. le
» Marquis de Mefgrigny - Villebertin)
» entre Troyes & Bar - fur - Seine, où
» font employés les droits d'attache, &
» les droits fur les bateaux montans &
» defcendans. 2.º L'état floriffant des
» lieux fitués fur la Seine au-deffus de
» Troyes : tels que ce même Chapes,
» dont les rues ont confervé les noms
» de différens artifans que la naviga-
» tion & le commerce y avoient attirés
» & fixés. 3.º L'excavation du lit de la
» Seine vis - à - vis Foucheres, qu'un
» Choifeul, Seigneur de Polify, avoit
» fait faire à fes frais dans des bancs
» de roche (*c*). 4.º Dans de grands an-

─────────

(*a*) Traité des canaux, pag. 273, art. 347.

(*b*) Mémoires hiftoriques & critiques pour l'Hiftoire de Troyes, par M. Grofley, pag. 24 & 25.

(*c*) Ces excavations, au nombre de deux, à
prendre de deffous deux arches du pont, & qui s'éten-
dent affez loin, ne paroiffent avoir été faites que
pour le fillage des bateaux.

» neaux de fer attachés aux culées de
» la grande vanne au-deſſus du grand
» pont de Bar-ſur-Seine , & dans de
» ſemblables anneaux attachés aux murs
» de Troyes , à l'endroit autrefois ap-
» pelé le port , à côté de l'arcade par
» laquelle le canal des blanchiſſeurs en-
» tre dans la ville. 5°. Dans la dona-
» tion faite à la ville de Troyes par M.
» de Dinteville, de ſa terre de Bour-
» guignons & Vicomté de Foolz, pour
» la fondation d'un college (*a*) 6°.
» Dans la tradition ſuivant laquelle les
» pierres dures qui font entrées dans la
» conſtruction de la cathédrale & de
» la tour, tirées, pour la plus grande
» partie, des carrieres de Poliſy & de
» Bourguignons , ont été amenées à
» Troyes par eau. Les regiſtres de cette
» Egliſe , (ajoûte cet Ecrivain) peu-

(*a*) » Ledit lieu de Bourguignons, eſt-il dit dans
» cette donation , eſt proche de la ville de Troyes ,
» ſur la riviere de Seine , & duquel on peut aller &
» venir par bateau en ladite Ville , pour y apporter
» les revenus de ladite donation. »

» vent donner des lumieres précifes fur
» ce fait.

Monfieur l'Intendant de Bourgogne ,
que ces preuves frapperent , demanda ,
avant de donner fon avis , la caufe qui
avoir fait ceffer cette navigation. Je crus
devoir la chercher dans les malheurs des
tems.

Le Fanatifme qui venoit de déchirer la
France , en y excitant les guerres civiles
fur la fin du fiecle précédent, avoit porté
la défolation dans les Provinces de
Champagne & de Bourgogne. Les fu-
reurs de la Ligue s'y étoient long-tems
foutenues. La réduction de la Ville de
Bar-fur-Seine fous l'obéiffance d'Henri
le Grand, en Avril 1591 (a); celle de
Troyes , du 5 Avril 1594. (b) ; les
Sieges de Dijon & de Talan , en Juin

____

(a) Requête des Habitans de Bar-fur-Seine , à
Henri IV. Hift. de cette Ville , par M. Rouget,
pag. 219.

(b) Mémoires hiftoriques & critiques , pour l'Hiftoire de Troyes , par M. Grofley , pag. 219.

1595 (*a*), en fournissent la preuve. On n'ignore pas quel désastre laisse après lui le fléau de la guerre, & sur-tout, celui d'une guerre civile & de religion. Dans ces momens où le Fanatisme, sourd au cri de la nature, s'abbreuve même de son propre sang, respecte-t-il les propriétés? La Soldatesque effrénée & sans discipline, ne trouve alors ni assez de victimes, ni assez de crimes à commettre, pour assouvir sa férocité. Les propriétaires des forges, des vignobles, qui fournissoient le principal aliment de la navigation, s'ils n'ont péri, pour la plupart, ont été ruinés ; leurs biens ont suivi leur sort. Il a fallu repeupler, rebâtir, replanter, & avec le tems, se procurer pour cela de nouvelles facultés. Les troubles, sous la minorité & les premieres années du Regne de Louis XIII, ne furent pas favorables pour y parvenir : celles du Regne de Louis XIV ne

---

(*a*) Révolutions de France, par la Hode, tom. 4, pag. 173.

le furent guere plus. Il falloit un long tems, & des circonftances favorables pour réparer tant de malheurs; & lorfqu'on auroit pu concevoir quelque efpérance, l'émigration des Réfugiés qui ont emporté avec eux une partie des Arts & de l'argent de l'Etat, après l'Edit de 1685 (1), a achevé d'anéantir le commerce. Tout s'eft reffenti de l'état d'épuifement & de langueur où s'eft trouvé le Royaume après des fecouffes auffi violentes. C'eft à ces calamités, fans doute, qu'on doit attribuer la ceffation de cette navigation.

Il eft donc évident qu'il eft poffible de la reprendre & de l'étendre jufques à Bar-fur-Seine. Il l'eft auffi que, tant qu'elle ne fera pas portée jufqu'à cet endroit, il faudra néceffairement qu'elle tombe, faute de commerce pour la foutenir; & c'eft dans ce point que gît la véritable poffibilité de former cet établiffement.

____

(1) Révocation de l'Edit de Nantes.

OBSERVATIONS.

Il paroît, par l'arrêt du Conseil d'Etat accordé en 1665 à M. de Praslain, qu'on avoit traité alors ce projet bien en grand; c'est-à-dire, qu'on s'étoit proposé d'aligner, autant qu'il auroit été utile, le lit de la riviere, de pratiquer des canaux, de supprimer des usines, & par conséquent, de dédommager les Propriétaires des terres & des usines qu'on auroit prises ou supprimées; mais au lieu d'employer le secours des canaux dont un des inconveniens est de trop diviser l'eau des rivieres, & de la rendre souvent insuffisante dans ces mêmes canaux, ne seroit-il pas plus expédient d'employer le lit même de la riviere, au moyen des pertuis qui pourroient être nécessaires.

On conviendra que les sinuosités des rivieres présentent quelques difficultés, parce que leurs eaux ne pouvant être soutenues avec autant de facilité par des pertuis ou par des écluses, qu'elles le feroient par des canaux, la navigation doit être plus lente & plus difficile; mais ne feroit-on pas bien dédommagé d'atteindre au même but par le fecours de ces pertuis ou de ces éclufes, dans les endroits où les eaux feroient le plus rapides? Par ce moyen, on foutiendroit leur pente, on ménageroit leur divifion & leur chûte, fuivant les circonftances; il y auroit moins de dédommagemens à accorder pour l'acquifition des terreins, pour la fupprefsion des ufines; &, avec peu de chevaux, on pourroit remonter les bateaux : on ne courroit d'ailleurs aucun rifque de perdre les eaux dans des lits nouvellement pratiqués.

Aufsi, eft-ce le parti qu'a adopté M. Maillot, & avec lui l'Affemblée des ponts & chauffées, en arrêtant d'établir cette navigation par le fecours des éclufes.

Il réfulteroit, d'ailleurs, de cette maniere d'opérer, un avantage réel pour les riverains de cette navigation, en ce que, dans les tems de sécheresse, on pourroit tirer de l'eau de ces écluses ou pertuis, pour arroser, autant qu'on le voudroit, les prairies la plupart arides, qui sont le long de cette riviere ; il ne s'agiroit que de les construire de façon à seconder cette vue, sans altérer le volume d'eau nécessaire pour la navigation.

Ne pourroit-on pas aussi supprimer, redresser quelques sinuosités qui, en ralentissant le cours de la riviere, laissent encore des amas d'eau stagnante, & entretiennent dans plusieurs endroits, un air fétide & mal-sain ? « Les Habitans de » S. Aventin, à deux lieues de Troyes, » dit M. de la Lande, art. 256. envoye-» rent, en 1762, un Député à Paris, » pour demander qu'il fût fait des ré-» parations à la Seine, qui, étant sortie » de son lit & s'en étant ouvert un autre, » avoit causé les plus grands dommages » dans le pays. »

La riviere redressée dans ces endroits, ses eaux contenues par les ouvrages &

les chemins de hallages, & ne se per-
dant plus, pareroient à ces inconvéniens,
dispenseroient peut-être de quelques
écluses, & diminueroient ainsi les
dépenses.

Je vais maintenant répondre à deux
objections, que quelques personnes cru-
rent pouvoir me faire à la lecture de
de mon premier Mémoire.

Les sables, me disoit-on, que les inondations entraînent de nos montagnes
& déposent dans la riviere, ne nuiront-
ils pas à votre navigation ?

Je réponds à cela que ces sables ne
sont que des parties terreuses, plutôt
que du sable ; d'ailleurs, ces parties toujours mises en action, dès qu'elles sont
dans une riviere navigable, par l'agita-
tion des bateaux & des rames, se dé-
layant avant d'aller à fond, ne font
presque plus qu'un corps avec l'eau :
incessamment maintenues dans cet état
par la navigation, elles coulent avec
la riviere, & ne peuvent se déposer que
très-difficilement & au loin dans des

lits profonds & fpacieux, où la Navigation n'occupe qu'une partie de ces lits. C'eft ce qui fait que les rivieres navigables font toujours épaiffes & limoneufes , & arrivent en cet état à la Mer.

Croyez - vous, me difoit-on encore, que nos vins fupportent la navigation fans s'affoiblir ? Expérience faite , je peux répondre qu'oui. Dans les commencemens de celle de Méry , un particulier de Bar-fur-Seine en fit embarquer pour Paris, environ quarante muids : c'étoit tout vin commun; & ce particulier n'apportoit pas de grandes précautions à la manipulation de fes vins. Malgré cela , tout eft arrivé & s'eft maintenu dans le meilleur état.

Des particuliers de Courteron , pays dont les vins font bien moins délicats , bien moins fpiritueux , en ont auffi embarqué , & ces vins n'ont fouffert aucune altération.

D'ailleurs l'avantage qu'on tireroit de cette aifance , répandroit bientôt l'émulation

mulation pour la manipulation des vins, & l'on fauroit bien-tôt les faire de façon qu'ils ne fuffent plus fujets à cet inconvénient s'il exiftoit.

Nous avons encore à donner pour preuve, que les vins des Riceys embarqués à Rouen ou au Havre, fe tranfportent en Angleterre, & s'y confervent fans rien perdre de leur qualité. (1)

---

(1) Citons un exemple bien convaincant, contre cette prévention. La ville de Bar-fur-Seine eft fituée le long d'une haute montagne qui la domine au couchant. Les caves des maifons, le long de cette montagne, font la plupart, remplies d'eau dans les tems d'inondations. J'en ai vu où elle montoit aux deux tiers des muids qu'on avoit contenus, au moyen de pieux forcés, contre la voûte, de crainte que venant à furnager, ils ne fe heurtaffent & ne s'ouvriffent; & les vins étant reftés trois femaines en cet état, je les ai vus, après les eaux retirées, refter un mois environ dans un air fétide & marécageux, les portes & foupiraux de la cave ouverts, jufqu'à ce que le fol fût defféché & raffermi, n'avoir rien perdu de leur qualité, & fe foutenir auffi bien que ceux qui n'avoient pas effuyé cet inconvénient.

Comment fe feroit-il que des vins placés dans un bateau où ils ne touchent pas l'eau, en plein air, dans un trajet de dix ou douze jours, fe trouvaffent détériorés ? feroit-ce l'air ou le foleil qu'on craindroit ? mais, fur les voitures, en ont-ils moins ?

D

Je ne peux quitter cet article fans dire un mot des caufes qui contribuent, peut-être plus que toute autre chofe, à cette prétendue altération des vins conduits par eau ; & fans faire des vœux pour les voir ceffer, je veux parler de la bannalité des preffoirs. J'ofe affurer, d'après le cri général qui fe fait entendre de toutes parts contre cet abus, que les malheureux pays où elle exifte, perdent un tiers, environ, du produit que leur rapporteroient leurs vins, fi les habitans étoient les maîtres de les faire à leur gré. Ils s'attacheroient plus alors à la qualité du plant, & leurs récoltes acquerroient peut-être auffi plus de célébrité.

Cette fervitude étoit peu fenfible dans des tems où chaque vignoble étoit moins confidérable & fourniffoit moins au commerce ; mais depuis long-tems

---

mais, fur les ports où les vins reftent fouvent plufieurs jours après le débarquement, ne font-ils pas toujours les mêmes ?

Je n'entends point parler ici de la navigation maritime, fur-tout, des trajets de long cours.

que ces vignobles sont considérablement augmentés, & par l'amélioration, & par la quantité de terreins mis en culture, les pressoirs bannaux ne sont plus suffisans; & si, après bien des pertes, bien des demandes, on parvient à en obtenir un nouveau, ce n'est fort souvent que pour terminer un procès ou à la suite de quelques sommations.

Il semble cependant que les Seigneurs qui jouissent de ce droit dont ils se payent ordinairement par les vins qu'ils pressu-rent, ne pourroient que gagner en four-nissant assez de pressoirs pour qu'ils se fissent librement, parce qu'ils en retire-roient eux-mêmes de meilleurs, & qu'ils les vendroient mieux.

Les Propriétaires ne peuvent donc façonner leurs vins comme ils le vou-droient, parce que la foule étant trop grande au pressoir, il faut attendre son tour. Il faut, dans la crainte que les cuves ne s'aigrissent, les fouler, refou-ler, en tirer & rejetter dessus pour les rafraîchir, & après avoir fait perdre à ces vins tous leurs efprits & tout leur feu, ne leur laiffer pour tout mérite que de la. dureté & un rouge épais qu'il eſt prefqu'impoffible de clarifier. (1).

(1) M. Gentil, Prieur de l'Abbaye de Fontenet, Ordre de Citeaux, près Montbard, couronné dans plufieurs Académies, pour des ouvrages fur l'Agri-culture & fur les vins, a obfervé, & s'eſt afluré par des expériences réitérées, que le vin perd pour être trop foulé & trop cuvé, une partie plus ou moins grande d'efprit ardent, principe effentiel & con-fervateur du vin, & une partie plus ou moins grande de gaz ou air fixe, autre principe confervateur; qu'il ne lui reſtoit qu'une couleur fombre & violacée, une dureté plate, qui, venant à s'affoiblir, amenoit infailliblement la diffolution du vin. Il a reconnu que le figne de la fermentation auquel il falloit jetter la cuve fur le preffoir, étoit l'abfence de la faveur fucrée, remplacée par la faveur vineufe, auffi-tôt que la premiere difparoiffoit, ou au moins l'opacité que reprend en une ou deux heures, le vin tiré du milieu de la cuvée, par un foffet, après avoir été filtré au papier non collé, & éclairci par cette opé-ration, ou l'efferveſcence qu'on y apperçoit après. Enfin, l'affaiffement du marc dans la liqueur de la cuve, eſt le figne du troifieme degré, le plus mau-vais de tous. Il convient pourtant que la méthode de ne tirer le vin de la cuve que quand il eſt éclairci, n'eſt pas comparable au plus mauvais des trois pre-miers; qu'elle eſt entièrement vicieufe & déteſ-table. M. le Prieur a fuivi le premier du plus près qu'il a pu, les grains de raifin entièrement écrafés avant d'être mis en cuve, de façon que les vins de

Ces vins alors ne fe vendent guere que les deux tiers de ce qu'ils auroient été payés, s'ils euffent été faits autrement,

---

cette Abbaye, où j'ai été plufieurs fois, crûs fur le territoire de Montbard, qui n'ont aucune réputation, & ne fortent point du Pays, vins durs & de peu de qualité, & finiffant fouvent par fe gâter, même dans l'efpace d'une année, avant fon arrivée dans cette maifon, & par conféquent avant cette méthode, font devenus depuis, bons, délicats, pleins de feu, n'éprouvent aucune altération, & en aucun genre; & il n'eft pas d'année où ce vin ne donne au pefe-liqueur ou aréometre des vins, quatre & cinq degrés de plus que les vins faits felon la méthode du Pays; preuve indubitable que l'efprit ardent y eft plus abondant, &c.

Un Particulier de Châtillon-fur-Seine, qui fait fon vin d'après ce procédé, le conferve tant qu'il veut, tandis que ceux du même territoire, faits comme de coutume, fe gâtent & fe corrompent fouvent; & il le vend communément une piftole par piece, plus que ne fe vendent ceux du même lieu.

Eft-ce à tort que nous blâmons la banalité des preffoirs, d'après ces principes de la fermentation, démontrés dans un Mémoire de cet Obfervateur, imprimé par ordre de l'Académie de Montpellier, aux frais des Etats de Languedoc? fur-tout après la manipulation & les procédés que le commun des Agriculteurs fuit, après une fermentation vive & ardente, & qui va quelquefois à vingt-quatre degrés du thermometre. La cueillette au grand foleil, les

& souvent ils se gâtent avant la vente. Cependant les vingtiemes, la taille, ne s'en paient pas moins, à raison de la qualité des vignes, sans avoir égard aux entraves de la fabrication des vins qui les dénaturent de façon à ne pouvoir plus juger du sol qui les a produits.

Ceux des Riceys & de plusieurs autres endroits, seroient sans doute dans l'oubli, s'ils eussent été assujettis à une gêne aussi révoltante, & l'Etat en retireroit moins, puisque les droits d'aîdes & de

---

lieux où le vin cuve, exposés au midi, l'air chaud de l'atmosphere, les raisins à la fois aqueux, sucrés & acides, les grandes cuvées, ou en grande masse, &c, tout semble quelquefois concourir à faire passer la fermentation spiritueuse à l'acéteuse ; & sans s'inquiéter de ces circonstances qui compromettent sa fortune, le Cultivateur ignorant, ou trop attaché à ses usages, laisse encore son vin dans la cuve quinze jours ou trois semaines. Ajoutons à cela, que les pressoirs, au moment déja trop retardé de décuver, ne sont pas libres, &c., &c.

Le degré de chaleur d'une bonne fermentation, suivant M. Gentil, est depuis douze degrés jusqu'à dix-huit, encore ne doit-elle éprouver ce degré que peu de jours ; la fermentation acéteuse se fait depuis vingt degrés & au-dessus.

fortie fe paient à raifon du prix de la vente.

DÉPENSE A FAIRE POUR L'EXÉCUTION.

Il nous refte maintenant à parler de la dépenfe à faire pour cet établiffement. M. Maillot la porte dans fon Procès-verbal de vifite, à trois millions;

SAVOIR:

» Pour la premiere partie de cette
» navigation, de Marcilly à Troyes,
» environ dix-fept éclufes, qui, conf-
» truites folidement, pour-
» roient coûter 45,000^{tt},
» & enfemble · · · · · · · · · · 765,000^{tt}
   » Les indemnités, ter-
» raffes, hallages, ponts, 350,000
   » L'acquifition de cinq
» moulins, · · · · · · · · · · · 150,000

1,265,000^{tt}

» La feconde partie, de Troyes à
» Bar-fur-Seine, pourra exiger

D 4

» vingt - trois éclufes, au-
» dit prix············ 1,035,000[#]
    » Digues, canaux, che-
» mins de hallage, élar-
» giffement de pertuis
» de fix moulins, pour
» procurer un paffage
» fuffifant ··········· 350,000
  » Dédommagemens ·· 50,000
                            ————————
                            1,435,000[#]
                            ════════

RÉCAPITULATION.

» De Marcilly à Troyes. 1,265,000[#]
» De Troyes à Bar-fur-
» Seine ············· 1,435,000
» Cas imprévus ····· 300,000
                            ————————
   » TOTAL ······· 3,000,000[#]
                            ════════

Il finit ainfi : » Cette navigation eft
» donc reconnue très-poffible ; il en eft
» de même de fon utilité pour Troyes,
» dont le commerce s'accroîtroit, & en
» général pour la Bourgogne, la Cham-

» pagne, & pour l'approvisionnement
» de Paris. »

Il est vrai que dans cette opération préliminaire, moins approfondie, moins précise que ne le seroit celle d'un plan, devis, & nivellement indispensable avant d'entreprendre les travaux , il a craint de jetter des Spéculateurs dans l'erreur, & a porté cette estimation, soit pour la dépense, soit pour les ouvrages , au plus haut. Cette précaution sage, semble nous assurer au moins, que la dépense ne doit pas excéder cette somme ; elle nous fait espérer aussi, que les Ingénieurs chargés de faire ces plans, devis & nivellement, trouveront peut-être des moyens de simplifier l'exécution, de supprimer quelques écluses, & nous présenteront une dépense moins considérable. En effet, plusieurs Ingénieurs opérant séparément, ils peuvent avoir autant d'idées différentes ; les uns trouvant les moyens d'éviter certains ouvrages , que les autres auroient jugés nécessaires, & mettant à ces ouvrages plus ou moins de luxe. Cherchons à confirmer cette efpérance par le réfumé des différentes eftimations que nous connoiffons.

Nous voyons d'abord par l'Arrêt du Confeil d'Etat, de 1665 (1), que cette dépenfe ne devoit monter qu'à une fomme de plus de deux cent foixante-quatre mille quatre cents livres. Les chofes, à la vérité, ont bien changé de valeur depuis ce tems ; mais cette entreprife alors étoit portée depuis Nogent jufqu'à Polifot, une lieue au-deffus de Bar-fur-Seine, au lieu que le Procès-verbal ne la préfente que depuis cette derniere ville jufqu'à Marcilly ; d'ailleurs, cette navigation exiftant de Nogent à Méry, il ne refte plus qu'à la reprendre depuis cet endroit, fauf à perfectionner celle qui fubfifte. Lorfque je l'ai propo-

---

(1) J'eus cet Arrêt dès 1761. M'etant déja occupé de ce projet. M. Rouget & M. Grofley l'ont donné depuis, l'un dans fon Hiftoire de Bar-fur-Seine, l'autre, dans fes Mémoires hiftoriques & critiques, avec quelques réflexions fur cet objet.

fée jufques à Marcilly, c'eft que mal fervi dans les inftructions que j'avois reçues, j'avois été induit en erreur; & c'eft d'après cette erreur, que M. Maillot, fur les ordres qu'il reçut, pouffa fa vifite jufques à Marcilly.

Suivons maintenant M. de la Lande. Il nous apprend, art. 352, » que le » fieur Duverger, qui avoit fait en » 1720, le Procès-verbal de vifite de » cette riviere, penfoit que cette navi » gation pourroit être portée jufqu'à » Chanceaux; qu'il penfoit auffi que » cette navigation feroit auffi utile que » celle de Languedoc, & il ne faifoit » monter la dépenfe néceffaire à cet » objet, qu'à trois cent mille livres. Il » convenoit, à la vérité, que par les » canaux de la Seine, cette navigation » iroit à plus de quatre millions; mais il » difoit que les pertuis multipliés, qui » devoient être au nombre de foixante » onze, dans toute l'étendue de la na » vigation, lui paroiffoient fuffire pour » opérer le même effet; & la dépenfe

» de chaque pertuis ne montoit qu'à
» vingt mille livres. »

Suivons-le encore dans ce qu'il nous
dit du fentiment de M. Vaultier, Ingénieur à Troyes, en 1762, chap. 9,
art. 273, pag. 26, 27 & 28.

» M. Vaultier, Ingénieur à Troyes,
» dont l'infpeétion s'étendoit jufqu'à
» l'endroit d'où partent les eaux qui
» coulent au nord & fud de la France,
» fe fit conduire en ces différens lieux;
» & d'après l'examen de toutes les ri-
» vieres (en parlant de la Seine), à la
» jonétion de l'Ource, la Seine fournit
» affez d'eau pour naviguer toute l'an-
» née, fans éclufes; il feroit feulement
» néceffaire de reétifier le lit de cette ri-
» viere, dans quelques endroits où il
» n'a pas affez de fond, & s'élargit trop,
» dans un efpace de treize lieues, en
» comptant depuis Buffey (c'eft Buxeuil)
» à une lieue & demie au-deffus de Bar-
» fur-Seine, jufqu'à Méry-fur-Seine, à
» fix lieues au-deffous de Troyes. »

On voit par le premier article, que

M. Duverger ne portoit en 1720, la dépenfe pour étendre cette navigation jufqu'à Chanceaux, dix-fept lieues plus haut que Bar-fur-Seine, qu'à trois cent mille livres; d'un autre côté, l'on voit que par *les canaux de la Seine*, cette navigation iroit à plus de quatre millions; mais il y a la partie fupérieure, fur-tout, à prendre depuis Châtillon - fur - Seine, dans laquelle la Seine eft plutôt un ruiffeau qu'une riviere, qui devoit bien abforber environ les deux tiers de cette dépenfe. On voit, enfin, que les pertuis multipliés, qui devoient être au nombre de foixante - onze dans toute l'étendue de la navigation, lui paroiffoient fuffire pour opérer le même effet. (& toute cette étendue de navigation étoit depuis Nogent jufqu'à Chanceaux, diftans l'un de l'autre, de trente-quatre lieues) Dans ce nombre de pertuis, il faut comprendre ceux qui exiftoient alors de Nogent à Troyes, & la plus grande quantité devoit naturellement être portée fur la partie fupérieure, depuis Bar - fur - Seine jufqu'à Chanceaux.

Obfervons encore que le fieur Duverger ne fait monter la dépenfe de chaque pertuis qu'à vingt mille livres ; que M. Maillot porte la fienne pour chaque éclufe, à quarante-cinq mille livres, & qu'il en fixe le nombre à quarante, depuis Bar-fur-Seine jufques à Marcilly.

Nous pouvons joindre à ces différens fentimens, ce que nous dit M. de la Grive dans fa Defcription du plan qu'il a donné du cours de la riviere de Seine, ouvrage fait avec beaucoup de foin & avec beaucoup de précifion, & dans lequel font marqués tous les moulins, ufines, ports, pertuis, chantiers, & jufqu'aux plus petits baffiers (1).

» On pourroit rendre la Seine navi-
» gable à Troyes même & au-deffus ;
» mais pour exécuter ce projet fi utile,
» il faudroit, 1°. faire attention à ce

---

(1) Baffiers, font les endroits où la riviere a peu de profondeur.

» que je dis des pertuis, page 43. 2°. A
» mesure qu'on rétablira les ponts qui
» sont construits sur cette riviere, en
» faire les arches suffisamment larges
» & élevées pour le passage des ba-
» teaux, &c.

» Au reste, tout le lit de la Seine,
» depuis Châtillon, se maintient bien,
» ses berges sont élevées, elle est géné-
» ralement assez profonde, & on la
» rendroit par-tout navigable, à peu
» de frais (1).

Dans une note de son Cours de cette
riviere, il dit : « Comme on peut mettre
» la Seine en état de porter des trains
» depuis Châtillon, & qu'on peut même
» la rendre navigable au-dessus de Troyes,

---

(1) Description du cours de la Seine & des rivieres & ruisseaux y affluans, dont les cartes ont été
levées sur les lieux, par ordre de M. le Président
Turgot, Prévôt des Marchands, & de MM. les
Echevins de la ville de Paris, par M. l'Abbé de la
Grive, de la Société Royale de Londres, & Géo-
graphe ordinaire de la ville de Paris; manuscrit qui
se trouve à la Bibliotheque & au Greffe de la ville
de Paris, pag. 7.

» fi par la fuite on vient à l'exécution » de ce projet, il fera néceffaire de » conftruire par - tout de nouveaux » ponts (1). »

D'après la différence qui regne dans les fentimens de l'Ingénieur qui a opéré en 1665 ; de M. Duverger, en 1720 ; de MM. Vaultier, de la Grive & Maillot, les Lecteurs jugeront fi nous avons tort d'efpérer, qu'après un nouveau plan, devis & nivellement, fi l'on n'adopte pas abfolument le fyftême de M. Vaultier, on trouvera au moins le moyen de fimplifier celui de M. Maillot, & de diminuer de beaucoup la dépenfe de cet établiffement. Il n'eft guere poffible que quatre perfonnes de l'art, non compris l'Ingénieur qui avoit opéré pour déterminer les Lettres-patentes de 1676, dépourvues d'intérêt particulier dans leur miffion, aient pu fucceffivement errer,

---

(1) Cours de la Seine & des ruiffeaux & rivieres qui y affluent, levé fur les lieux, par les mêmes ordres & par le même Auteur, préfenté en 1737, planche IX.

au

au point d'opérer une différence si considérable avec le sentiment de M. Maillot.

Je veux bien supposer encore, que M. Vaultier ait porté son jugement dans un tems où il aura vu depuis Buxeuil jusqu'à Troyes, la riviere dans sa hauteur ordinaire, tandis que M. Maillot a procédé à sa visite dans le tems des plus basses eaux, & que de là, peut venir la cause de cette diversité d'opinions. Cette supposition ne nous enleveroit pas encore cette espérance : M. Vaultier ne fait point exception de tems. *A la jonction de l'Ource, la Seine fournit assez d'eau pour naviguer toute l'année, sans éclufes :* ce font ses termes. Cet Ingénieur ne pouvoit pas ignorer que dans plusieurs tems de l'année, sur-tout dans les mois d'Août, Septembre & Octobre, les eaux diminuent considérablement dans la plûpart des rivieres. Troyes, où il résidoit, & où la Seine se divisant en plusieurs branches, devoit offrir un effet plus sensible de cette diminution, lui réitéroit annuellement cette preuve. Nous avons à regretter que M. de la Lande ne nous apprenne pas en quel tems M. Vaultier fit cette infpection. Mais finiffons cette difcuffion , qui nous à paru néceffaire , & contentons-nous de rappeller , comme nous l'avons déja dit, qu'actuellement cette riviere eft navigable jufques à Méry.

. R É S U M É.

JE crois avoir fuffifamment démontré les ...tages de cette navigation , & prouvé qu'elle devoit être portée jufques à Bar-fur-Seine, pour y recevoir un aliment capable de l'entretenir ; j'ai de même fait voir combien cet établiffement feroit utile au Public ; j'ai prouvé la poffibilité de l'exécution ; j'ai, je crois, auffi fait concevoir avec fondement , l'efpoir d'exécuter le plan à bien moins de frais que ne l'eftime M. Maillot. En fuppofant que cette navigation puiffe, comme il le penfe, coûter trois millions, on trouvera 150,000 livres d'interêts à payer ; il y auroit en outre les frais de régie, qu'on ne peut qu'entrevoir, parcequ'ils dépendent en partie de la façon dont le plan feroit exécuté, l'opération de cet Ingénieur n'étant point définitive, on ne peut favoir le nombre d'éclufes qu'il faudroit abfolument, & par conféquent le nombre des Receveurs. Ce fera le plan, devis & nivellement qui éclairera fur cet objet, & tout nous promet bien moins de ces éclufes.

On peut alors rapprocher les objets de commerce cités plus haut, pris prefque tous fur les lieux, defquels nous avons donné une quantité à peu-près fixe & qui ne peut qu'augmenter; on jugera de la maffe des autres par l'utilité de leur confommation. La rareté des contre-voitures de Paris, de Rouen, &c. par le défaut de Rouillers qui conduifoient les vins, nous affure d'un autre côté, le commerce de ces Villes pour la navigation remontante ; on pourra alors juger de l'importance du produit. C'eft d'après l'examen de ces différens objets, qu'on pourra juger de même fi, au moyen des droits de péage & d'un privilege exclufif qu'il feroit à propos d'accorder pour un tems a une compagnie, comme il le fut en 1776 au fieur de Boutherone, cet établiffement ne fournira pas, non-feulement de quoi fuffire à toutes les charges, mais encore s'il ne doit pas laiffer aux Entrepreneurs un gain très-confidérable.

M. de la Lande va nous aider à jufti-fier ce que nous avançons, en nous pré-fentant des reffources voifines pour accroître l'aliment de cette navigation.

« Les marchés de Bar - fur - Aube,
» dit-il, font de toute la Champagne, les
» plus forts pour la vente des grains qui
» fe diftribuent ou vers Paris, ou vers
» les Provinces méridionales ; il en fort
» toutes les années douze à quinze
» cents muids d'avoine pour Paris ; il
» en coûte pour la voiture jufqu'à Arcy,
» 24 liv. par muid ; il n'en coûteroit pas
» 6 liv. par eau.

» Le Vallage, le Baffigni font des

» sources inépuisables pour les grains;
» mais il en coûte 2 liv. par septier
» pour la voiture jusqu'à Arcy, &
» sur quarante mille septiers, il y
» auroit une épargne de 60000 liv.

» Le vignoble de Bar-sur-Aube pro-
» duit trente-cinq mille muids de vin;
» mais il en coûte 17 liv. de voiture
» jusqu'à Paris (a); & sur dix mille
» muids, il y auroit une épargne de
» 120000 liv.

» On estime qu'il y auroit 36000 liv.
» d'épargnes sur les voitures de fer qui
» se fabriquent dans les forges de Cham-
» pagne; enfin, il passe à Bar-sur-Aube
» six cents chariots de boisselerie ou
» menus ouvrages en bois, deux cents
» de meules de Langres pour les Cou-
» teliers; & il y a une épargne de
» 20 liv. par chariot ».

(a) Il en doit coûter plus maintenant. M. de la
Lande écrivoit en 1778; & en 1781, que j'ai donné
mon premier Mémoire, on payoit déja 18 & 20
liv. par muid de vin, de Bar-sur-Seine à Paris, au
lieu de 15 livres qu'il en coûtoit peu d'années
avant.

Or, il n'y a que fix lieues de Bar-fur-Aube à Bar-fur-Seine. Cette navigation ouverte, tous ces objets ne viendroient-ils pas à l'entrepôt de Bar-fur-Seine, au lieu d'aller chercher Arcy à douze lieues (a)? Auffi n'y conduit-on gueres que des grains, la navigation de l'Aube, en cet endroit, ne fe faifant que fur des bateaux d'accouplage nommés margotas. La raifon en eft, fans doute, que le lit de la riviere, étant en plufieurs endroits trop refferré, ne permet pas l'ufage des bateaux de foixante, ou foixante-dix pieds de long, avec lefquels M. Maillot a décidé, dans fon procès-verbal, qu'on devoit monter la navigation de la Seine depuis Bar-fur-Seine.

Ajoutons encore l'opinion de M. de la Lande fur cet établiffement, rélativement à fon aliment.

» Il femble, dit-il, que l'idée de rendre
» la riviere de Seine navigable jufqu'à
» fa fource, mérite d'être approfondie.

(a) Carte de la France, par M. Damville.

» Il en réfulteroit un avantage évident
» pour le débouché des grains, des
» bois, des marchandifes de Lyon, de
» celles d'Alzace, d'Allemagne, des
» vins de Bourgogne, des fromages de
» Franche-Comté, des fers, du poiffon,
» des quincailleries & épiceries, des
» toiles, des charbons qui occupent des
» milliers de Voitures, & qui vien-
» droient certainement en plus grande
» abondance par la riviere ; enfuite,
» ajoute-il, toutes les marchandifes qui,
» de l'océan, remonteroient par Rouen
» à Paris, dans la Bourgogne, poiffon
» falé, fucres, épiceries, fels, &c. trou-
» veroient une facilité dans cette navi-
» gation ».

Il ne refte a défirer que de voir mettre à exécution cette entreprife, de la maniere, fur-tout ou a peu-près, dont l'avoit conçue M. Vaultier, préférable-ment à toute autre. Il en réfulteroit plufieurs avantages ; le premier de la voir terminer promptement, parce qu'alors, la majeure partie des travaux, confiftant plutôt en atterriffemens qu'en ouvrages de charpente & de maçonnerie, on pourroit folliciter & peut-être obtenir que les Régimens provinciaux des pays qu'arrofe cette riviere, fuffent employés à ces travaux, en les payant pour augmenter leur folde ; ou même quelque Régiment d'infanterie, puifqu'on en employe actuellement au canal du Charolois, ainfi qu'on l'a fait au nouveau canal de Caen à la mer, & à celui de Rhedon en Bretagne, pour naviguer de Nantes à Saint-Malo. Le fecond avantage, c'eft que moins chargée d'éclufes, elle entraineroit moins de dépenfes, moins de droits, moins de péages, entraves déjà trop fortes pour la plupart des navigations, qui gênent finguliérement le commerce, & le rendent moins floriffant.

.Je termine par obferver qu'il feroit bien important, fi cette entreprife avoit lieu, qu'il fût poffible de commencer les travaux par Bar-fur-Seine ; 1°. parce que les matériaux, pierres, bois, chaux, fe tirant de ce pays & de Foucheres, feroient conduits plus bas à moins de frais par eau, que par les voitures, ce qui diminueroit beaucoup la dépenfe; 2°. parceque cette navigation établie de Bar-fur-Seine à Troyes, les entrepreneurs tireroient déjà des fruits de leurs travaux par le commerce entre ces deux Villes, fur-tout par les convois de pierres pour Troyes, dont auffi-tôt la riviere ne manqueroit pas d'être couverte; 3°. même raifon que la premiere, puifque Troyes & fes environs jufqu'à Méry, n'offrent prefque point de reffources pour les matériaux.

Si cet effai peut me gagner la confiance de quelques capitaliftes qui veuillent entreprendre cet établiffement, & qu'ils défirent des détails plus circonftanciés de localité, &c. la fatisfaction que j'aurois d'avoir déterminé & de voir éxécuter une entreprife auffi avantageufe à ma patrie, fans parler de l'intérêt quelconque que je pourrois avoir dans la chofe, doit leur répondre de

mon zèle & de mon exactitude à fecon-
der leurs vues d'une maniere digne de
leur confiance.

PIECES JUSTIFICATIVES.

EXTRAIT

Des Regiſtres du Parlement.

LOUIS, par la grace de Dieu, Roi de France & de Navarre : A tous préſens & à venir, SALUT; HECTOR BOUTHERONE, Seigneur de Bourgneuf, nous auroit préſenté un placet tendant à ce qu'il nous plût lui accorder la permiſſion de rendre à ſes frais & dépens navigables & flotables les rivieres de Seine, Marne & Aube dans les endroits qui ne l'ont point été juſqu'à préſent, & les autres rivieres affluantes à la Seine médiatement ou immédiatement aux clauſes & conditions portées par les Lettres-Patentes que nous lui avons accordées au mois d'Octobre 1655, pour rendre les rivieres & ruiſſeaux, étant en notre province de Champagne, navigables & flotables, & qu'il lui ſoit accordé, & à ſes aſſociés & ayant cauſe, à l'excluſion de tous autres, de quelque qualité & condition qu'ils puiſſent être, la faculté de naviguer & faire naviguer ſur leſdites rivieres pendant le temps & eſpace de vingt années, à compter du jour qu'il aura commencé d'y naviguer, après leſquelles expirées il ſera loiſible à toutes perſonnes d'y naviguer en payant les mêmes droits que ceux portés par leſdites Lettres-Patentes du mois d'Octobre 1655, lequel placet nous aurions

A

renvoyé, par Arrêt de notre Conseil du 8 Août dernier, à nos chers & bien amés le Prévôt des Marchands & Echevins de notre bonne Ville de Paris, pour nous donner leur avis sur le contenu en icelui, pour être ensuite, par nous, pourvu audit Boutherone, ainsi qu'il appartiendra ; en conséquence duquel Arrêt, lesdits Prévôt des Marchands & Echevins nous ont donné leur avis par lequel ils estiment qu'il y a lieu d'accorder audit Boutherone la permission de rendre navigables & flotables les rivieres & ruisseaux affluans à la Seine, sur lesquels il n'y a point de navigation établie, & que cette entreprise ne peut être que très-utile & avantageuse au public & à notre bonne Ville de Paris, où les marchandises arriveront en plus grande abondance, sur lequel avis ledit Boutherone nous a très-humblement supplié lui accorder nos Lettres à ce nécessaire : A CES CAUSES, de l'avis de notre Conseil, qui a vu ledit avis du 12 Octobre dernier, & de certaine science, pleine puissance & autorité royale, nous avons permis &, accordé, & par ces présentes signées de notre main, permettons & accordons audit de] Bourgneuf & à ses successeurs & ayant cause, la faculté de rendre navigable & flotable ce qui ne l'a point été jusqu'à présent, de rivieres de Seine, Marne & Aube, & autres affluantes à la Seine médiatement ou immédiatement, & pour cet effet nous leur avons quitté & délaissé à perpétuité le fonds & très-fonds desdits rivieres & ruisseaux qu'ils auront rendus navigables, levées & écluses d'icelles à nous appartenans, à la charge de traiter de gré à gré de ce qui appartiendra aux Seigneurs particuliers, & dont ils auront besoin pour ladite navigation, leur faisant don de tous les ouvrages qui pourroient

avoir été faits fur lefdits rivieres & ruiffeaux pour
le même fujet , & de toutes chofes & généralement
quelconques qui en dépendent , même les actions
refcidantes & refcifoires à nous appartenans ; révo-
quons tous dons & conceffions que nous pourrions
avoir ci-devant faits , qui n'ont pas été exécutés &
qui ont été abandonnés ; voulons que les particuliers qui ont tirés le long defdits rivieres & ruiffeaux des rigoles & échappées d'eaux & éclufes pour
faire des moulins , foient tenus de les boucher s'ils
n'ont pas de titres fuffifans , & s'ils en ont, ils les
repréfenteront pardevant les Commiffaires qui feront , à cet effet, par nous députés , comme auffi ils
feront tenus de hauffer ou baiffer le pas de leurs
moulins , à proportion que lefdits Entrepreneurs
éleveront ou baifferont la furface defdits rivieres
& ruiffeaux , & qu'il fera néceffaire pour la perfection de la navigation ; permettons aux Entrepreneurs de rembourfer les terres , prés & moulins des
particuliers dont ils auront befoin , & pour cet
effet, ils les feront affigner pardevant les Commiffaires qui feront par nous députés , s'ils ne veulent
affermer lefdits moulins fur le pied des baux cou-
rans , & s'ils dépendent du Domaine , ils pourront
rembourfer les engagiftes de la finance feulement
qu'ils auront actuellement payée , dont ils feront tenus de juftifier , par titres valables , quinzaine après
la fignification des préfentes , & pour dédommager
ledit Boutherone , fes Affociés & ayant caufe des
grandes dépenfes qu'ils feront obligés de faire pour
rendre lefdits rivieres & ruiffeaux navigables , nous
leur avons accordé & accordons la faculté de naviguer & faire flotter fur lefdits rivieres & ruiffeaux , aux endroits qu'ils auront rendus navigables ,

toute forte de marchandifes, à l'exclufion de tous
autres, pendant le temps de vingt années, à compter du jour qu'on aura commencé d'y naviguer ;
voulons qu'après lefdites vingt années expirées il foit
loifible à toutes perfonnes d'y naviguer en payant
pour toutes les denrées & marchandifes qui feront
voiturées fur lefdits rivieres & ruiffeaux qui feront
qui feront rendus navigables ; favoir, quinze fols
fur chacun muid de vin, jauge de Paris, & des autres vaiffeaux à proportion ; un fol fur chacun feptier de bled & autres grains, mefure de Paris ; fept
livres pour chacun cent de toifes de folives de cinq
à fept pouces, & du bois quarré à la même raifon,
à revenir par fupputation au compte des marchands
de Paris ; trois livres pour chacun cent d'ais de
moifon & autres, de largeur de dix à douze pouces
& un pouce d'épaiffeur, & des autres à proportion ;
fix livres pour chacun millier de merrain ou tra-
verfain, à compter dix fois cent pour millier, &
du grand bois merrain ou brafferie à proportion ;
trente fols pour chacune corde de bois à brûler ;
fix fols pour chacun cent de fagots ou cotterets ;
vingt fols pour chacun millier d'échalats, lattes larges & étroites, au compte des marchands de Paris ;
trois fols pour chacun poinçon de charbon de bois,
trois livres de celui de pierre ou terre, fix fols
pour chacun poinçon de cendre commune, trois livres de celle appellée gravelée ; huit fols pour chacun cent pefant de chanvre laine, fil, étoffe, toile,
& généralement toutes fortes de denrées & marchandifes non fpécifiées ; vingt fols pour chacun cent de
pierre ; vingt livres pour chacun cent de carpes,
truites, brochets & autres poiffons ; & à l'ouverture
de chaque porte d'éclufe ou pertuis, il fera payé

un fol pour toife de chacun bateau, bafcule ou
boutique à poiffon, efchifeau, train ou braifle de
bois, lefquels péages de un fol pour toife; & chacun
bateau, boutique, braifle ou train, feront payés par
les marchands à qui les marchandifes appartiendront,
& afin que le public en reçoive d'autant plus d'utilité, & que le tranfport defdites marchandifes &
denrées ne foit interrompu par quelque nouvelle
impofition, nous voulons qu'il ne foit impofé ci-
après aucuns péages & droits quelconques fur les
marchandifes qui feront voiturées fur lefdites rivieres que ceux portés par ces préfentes ou qui
font préfentement établis, & d'autant qu'il y a plufieurs droits de péage & pêche prétendus par des
particuliers fur le courant defdites rivieres qui pourroient incommoder la navigation & faire préjudice
au commerce, nous les avons éteint & fupprimés,
éteignons & fupprimons par ces préfentes; faifons
défenfe aux propriétaires. de quelque qualité & condition qu'ils foient, de les plus lever ni percevoir
après toutes fois qu'ils auront été remboursés par
ledit Boutherone & fes Affociés, fuivant la liquida-
tion qui en fera faite par les Commiffaires qui feront
à cet effet députés; permettons auxdits Entrepreneurs d'établir des coches par eau fur lefdites rivieres de Seine & Aube aux lieux feulement où ils
ne feront pas préjudiciables à ceux qui ont été ci-
devant établis pour mener & conduire jufqu'à Paris
les perfonnes & marchandifes qu'on y voudra mener & tranfporter en payant raifonnablement & de
gré à gré : Voulons & nous plaît que lefdits rivieres & ruiffeaux, depuis leurs embouchures jufqu'aux lieux qu'ils les rendront navigables & flotables à leurs frais & dépens, foient affranchis, comme

nous les affranchiſſons & exemptons , enſemble les
iſles & iſlettes , breteaux & terres vaines & vagues ,
leurs écluſes , fonds d'icelles trois perches de terre
de chacun côté deſdites rivieres , ruiſſeaux , canaux ,
maiſons à faire des magaſins , réſervoirs & aqueducs
que leſdits Entrepreneurs acquereront de la mouvance
cenſive & juſtice de quelque Seigneur que ce ſoit ,
en les dédommageant , s'il y échoit , pour toutes
les rivieres , ruiſſeaux , iſles , iſlettes , bretaux &
terres vaines & vagues , & autres en leur étendue ,
fonds , très-fonds , jouir par leſdits Entrepreneurs ,
leurs hoirs , ſucceſſeurs & ayant cauſe , à perpétuité ;
& les poſſéder à toujours en pleine propriété , &
tenir le tout de nous en plein fief & franc-aleu
noble ; comme auſſi pour éviter les conteſtations qui
pourroient naître à cauſe de la diverſité des coutumes
des lieux où leſdits rivieres , ruiſſeaux , canaux ,
iſles , iſlettes , breteaux & terres vaines & vagues ,
& le fonds des ouvrages & choſes ſuſdites ſe trouveront ſitués , nous voulons que le tout ſoit régi
& gouverné ſuivant la coutume de la prévôté & vicomté de Paris , & que toutes leſdites rivieres ,
péages , droits , & généralement tout ce que deſſus ,
ſoient cenſés & réputés comme étant de ladite , coutume & ſe partage ſuivant icelle , dérogeant pour cet
égard à toutes les autres coutumes ; nous lui avons
de plus accordé & accordons toute haute juſtice ,
moyenne & baſſe , & en tout cas ſur l'étendue deſdits rivieres , ruiſſeaux , canaux , ports , levées ,
trois perches de terre de chacun côté deſdites rivieres , & généralement ſur toutes choſes dépendantes
des préſentes , tant en matiere civile que criminelle
& mixte , & pour l'adminiſtration des juſtices , ils
pourront établir ſur chacune deſdites rivieres , un

Lieutenant, un Procureur de Seigneurie & autres
Officiers, pour juger en premiere inftance de tous
les différens qui pourroient naître, tant en matiere
civile, criminelle que mixte, concernant lefdits rivieres & ruiffeaux, lefquels Juges pourront juger
par provifion, jufqu'a vingt livres, nonobftant l'appel, dont les appellations feront relevées directe-
ment en notre Hôtel-de-Ville de Paris, lefquels pr-
vilèges & péages, droits, & exemptions contenus
aux préfentes, n'auront lieu que pour l'etendue des
rivieres qui ne font navigables ni flottables jufqu'à
préfent, & que lefdits Entrepreneurs rendront navigables, dont il fera dreffé Procès-Verbal par le
Juge ou Commiffaire qui fera nomme pour cet effet,
en préfence de tous les intéreffés : SI DONNONS en
mandement à nos amés & féaux les Confeillers tenans
notre Cour de Parlement, Chambre des Comptes &
Cour des Aides à Paris, que ces préfentes ils aient à
enregiftrer purement & fimplement, fans aucune
reftriction ni diminution, & du contenu en icelle,
faire jouir ledit de Bourgneuf, fes Affociés, fes Succef-
feurs & ayant-caufe, à perpétuité, ceffant & faifant
ceffer tous troubles & empêchemens au contraire ; Car
tel eft notre plaifir, nonobftant tous Edits, Arrêts,
Coutumes & autres chofes au contraire, auxquelles
nous avons dérogé & dérogeons par ces préfentes ;
& afin que ce foit chofe ferme & ftable à toujours,
nous avons fait mettre notre fcel à ces préfentes.
Donné à Saint-Germain-en-Laye au mois de No-
vembre, l'an de grace mil fept cent foixante-feize,
& de notre regne le trente-quatrieme. *Signé*, LOUIS.
Et plus bas, par le Roi. COLBERT. Et plus bas, vu au
Confeil. *Signé*, COLBERT. Scellé du grand Sceau en
cire verte, fur lacs de foie verte & rouge.

F

Extrait des Regiſtres du Parlement, regiſtrés, oui, & ce requérant, le Procureur-Général du Roi, pour être exécuté ſelon ſa forme & teneur, ſuivant l'Arrêt de ce jour. A Paris en Parlement, ce ſix Août mil ſix cent ſoixante-dix-ſept. Collationné-REYJAI. Par la Chambre. LE BRET.

EXTRAIT

Des Regiſtres du Conſeil d'Etat.

SUR la Requête préſentée au **Roi** en ſon Conſeil, par le ſieur Maréchal du Pleſſis : Contenant que les propoſitions qu'il lui a faites de rendre la Rivière de Seine navigable depuis le lieu de Poliſot, juſ-ques à la Ville de Nogent, diſtant l'un de l'autre de plus de vingt-cinq lieues, ayant été examinées en ſon Conſeil, elles ont été reconnues très-avantageuſes à la Province de Champagne, & partie de celle de Bourgogne, par la facilité que l'exécution de ce deſſein apportera au Commerce, & au débit des Bleds, Vins, Bois, Fers, & autres marchandiſes que produiſent leſdites Provinces, & que les habi-tans étant obligés de conſommer ſur les lieux, faute de commodité pour les tranſporter en cette ville de Paris, & dans les autres Villes & Bourgs ſitués ſur ladite Rivière de Seine, le débit que cette na-vigation produira, leur donnera auſſi plus de moyens pour payer les Tailles, & de faire ſubſiſter leurs familles, en cultivant leurs Vignes & leurs Terres, que la difficulté du débit les a forcés d'abandonner. Et ces conſidérations ayant obligé ſa Majeſté de ren-voyer, par Arrêt de ſon Conſeil, du quatorzieme jour de Juin dernier, au ſieur de Machault, Intendant en ladite Province de Champagne, leſdites propoſitions & offres dudit Maréchal du Pleſſis, pour en donner avis à ſa Majeſté, & pour informer de la commo-dité ou incommodité que l'exécution de ce deſſein peut apporter ; ledit ſieur de Machault a procédé à ladite information, & donné fon avis, par lequel l'utilité publique de cette entreprife étant amplement reconnue, rien n'empêche plus fa Majefté d'en ordonner l'exécution. Mais, d'autant que des propofitions fi utiles au bien de fes Sujets, ne peuvent être exécutées fans de grands frais, qui monteront à plus de 264400 liv., fuivant le Procès-verbal de devis & eftimations des Ouvrages, qui a été fait par des Experts, en préfence dudit fieur de Machault, en exécution dudit Arrêt dudit jour 14 Juin dernier, il eft jufte que ledit Maréchal, qui offre d'en faire la dépenfe, en foit indemnifé par la perception de quelques droits qui fe leveront fur les Marchandifes qui feront conduites & amenées fur ladite Rivière, tant en cette Ville qu'ailleurs. A CES CAUSES, Requeroit qu'il plût à Sa Majefté ordonner qu'il fera inceffamment procédé & travaillé à rendre la Rivière de Seine navigable depuis ledit lieu de Polifot jufques audit Nogent; A l'effet de quoi, il feroit permis audit fieur Maréchal de prendre toutes les Terres & Héritages néceffaires, abatre Maifons, Bois, Moulins, Eclufes, & généralement fe fervir de tout ce qu'il conviendra pour l'exécution de ce travail, en rembourfant les Propriétaires de la jufte valeur defdits biens, au dire d'Experts & Gens à ce connoiffans, dont les parties conviendront pardevant ledit fieur de Machault, ou fes Subdélégués, à faute dequoi, il en fera par eux nommé d'Office, après une première fommation feulement. Et pour indemnifer ledit fieur Maréchal, des grands frais qu'il eft obligé de faire, lui permettre de lever & prendre fur chaque muid de Vin qui fera chargé audit lieu de Polifot, ou autre fur ladite Rivière, pour aller jufques à Méry-fur-

Seine, pour droit d'entrée vingt fols, & l'ouverture
de chacun pertuis étant fur ladite Rivière, un fol.
Sur chaque feptier de bled, mefure de Paris, un
fol., & pour l'ouverture de chaque pertuis, deux
deniers. Sur chaque cent de toifes de folives de
cinq à fept pouces de bois carré, à la même raifon
& mefure des Marchands de Paris, trois livres dix
fols, & pour l'ouverture de chaque pertuis, dix
fols. Sur chaque cent d'aix ou planches, de largeur
de dix ou douze pouces, & d'un pouce d'épaiffeur,
& des autres à proportion, trente-cinq fols, &
pour l'ouverture de chaque pertuis, cinq fols. Sur
chaque train de bois à brûler, flottant, de quatre
branches & de feize coupons de longueur, pour chaque coupon, deux fols fix deniers, & pour l'ouverture de chaque pertuis, fix deniers. Sur chaque
millier de fagots & coterets venans par batteaux,
& fur chaque muid de charbon, quinze fols, &
pour l'ouverture de chaque pertuis, deux fols fix
deniers. Sur chaque millier de fer pefant, trois
livres, & pour l'ouverture de chaque pertuis,
trois livres. Pour chaque cent de carpes, brochets,
truittes ou autres poiffons, trente fols, & pour
l'ouverture de chaque pertuis, trois fols. Sur
chaque cent de chanvre, laine, fil, toile, étoffe,
treillis, & autres marchandifes de quelque qualité
& condition qu'elles foient, quoiqu'elles ne foient
ci-fpécifiées, toutes lefquelles feront pefées au poids
qui pour cet effet fera établi audit Port de Polifot,
huit fols, & pour l'ouverture de chaque pertuis,
huit deniers. Lefquels droits feront payés par toutes
fortes de perfonnes, de quelque qualité & condition
qu'elles foient, exemptes & non exemptes, privilégiées & non privilégiées. Et pour rendre le Commerce

plus fréquent, permettre auffi audit fieur Maréchal d'établir un Marché chaque femaine, en deux des Bourgs & lieux étant fur ladite Rivière, qu'il jugera les plus commodes à cet effet, même deux Foires franches pour chaque année audit lieu de Polify : defquelles franchifes jouiront feulement les habitans defdits lieux de Polify, Polifot & Buxeuil, dépendants des Terres dudit fieur Maréchal ; comme auffi, de conftruire deux Moulins à papier fur ladite Rivière, aux endroits qu'il jugera à propos. Et d'autant que les frais pour l'exécution de ce deffein font fi confidérables, & doivent être faits fi promptement, qu'il feroit difficile au *Suppliant* de fournir comptant une fi grande fomme, lui permettre encore d'affocier avec lui cinq ou fix perfonnes pour contribuer à cette dépenfe & à l'avancement & perfection d'une fi grande entreprife : En confidération defquelles avances & travaux, & des foins que lefdits Affociés contribueront à ce deffein, ils feront annoblis, & jouiront des graces & privilèges accordés à ceux qui contribuent à de femblables Ouvrages, par les Déclarations de Sa Majefté, des mois d'Octobre 1655 & Juillet 1663. Lefquels Affociés, ledit fieur Maréchal pourra rembourfer quand il voudra de leurs avances, frais, peines & falaires, au moyen de quoi ils ne pourront prendre aucune part auxdits droits, & fans toutefois que, par lefdits rembourfemens, ils foient déchus des privilèges qui leur font accordés, dont ils continueront de jouir comme avant icelui : Et pour régler les différens & conteftations qui pourront arriver en l'exécution de cette entreprife, foit à l'égard de l'eftimation des indemnités & rembourfemens des Propriétaires, ceffations des Moulins, que conftruction des pertuis & voitures des matériaux , & autres difficultés qui pourroient naître dans le cours de ce travail : Ordonner que les Entrepreneurs , Ouvriers , Propriétaires , & autres Intéressés, de quelque qualité & condition qu'ils soient, se pourvoiront pardevant ledit sieur Machault , auquel à cette fin la connoissance en sera attribuée & à ses Subdélégués , & icelle interdite à tous autres Juges, avec défenses aux parties de se pourvoir ailleurs que pardevant lui , à peine de cinq cents livres d'amende , & de tous dépens , dommages & intérêts : Et à l'effet de tout ce que dessus , que toutes Lettres nécessaires seront expédiées audit sieur Maréchal. VUE ladite Requête signée du Manoir, Avocat audit Conseil : Copie dudit Arrêt du Conseil & Commission audit sieur de Machault, pour procéder à la visite de ladite Rivière , depuis Polisy jusques à Marsilly , ledit jour 14 Juin 1664. Procès-verbal dudit sieur de Machault , fait en exécution dudit Arrêt du 26 Juillet audit an : Acte d'Assemblée de la Ville de Troyes , contenant ses remontrances & oppositions , à l'exécution de l'entreprise de rendre la Rivière de Seine navigable , depuis ledit lieu de Polisot jusques audit Marsilly , du 20 Août audit an : Rapport des Experts qui ont procédé à la visite de ladite Rivière de Seine , en présence dudit sieur de Machault , contenant les Ouvrages qui sont à faire pour la rendre navigable en l'espace desdits lieux , & le prix que coûteront lesdits Ouvrages du 7 Août audit an 1664. Copie d'Arrêt contradictoire du Parlement de Paris , portant entr'autres choses , que , sans avoir égard à l'opposition de la Ville de Troyes , la Rivière de Seine demeurera libre pour la navigation & passage des batteaux , depuis sa source jufques à Paris, du 3 Avril 1635, & autres pièces attachées à ladite Requête : Et oui le rapport du fieur Toifin, Confeiller du Roi en fes Confeils, Maître des Requêtes ordinaire de fon Hôtel ; LE ROI ÉTANT EN SON CONSEIL ROYAL DU COMMERCE, A ordonné & ordonne, qu'il fera inceffamment travaillé aux Ouvrages contenus audit Procès-verbal dudit fieur de Machault & defdits Experts, néceffaires pour rendre ladite Rivière de Seine navigable depuis ledit lieu de Polify jufques à Mery ; & permet au Suppliant de faire iceux Ouvrages ; & pour cet effet, prendre toutes les Terres & Héritages néceffaires, abatre Maifons, Bois, Moulins, Eclufes, & généralement fe fervir de tout ce qu'il conviendra pour l'exécution de cette entreprife, en rembourfant au préalable les Propriétaires de la jufte valeur defdits biens, au dire d'Experts ou gens à ce connoiffans, dont les parties conviendront à l'amiable, ou devant le Prevôt des Marchands & Echevins de la ville de Pafis, ou, faute d'en convenir trois jours après la première fommation, au dire de ceux qui feront par eux nommés d'office, & pour indemnifer ledit Suppliant de fa dépenfe, & pour pourvoir à l'entretenement defdits Ouvrages, lui a permis & à fes fucceffeurs ou ayant-caufe, de lever à perpétuité fur toutes les marchandifes qui fe voitureront, foit en defcendant, foit en remontant fur ladite étendue de Rivière, les fommes ci-après ; favoir : fur chacun muid de vin, jeauge de Paris, ou à proportion, plus ou moins, au Bureau qui fera établi au-deffus de la ville de Troyes, fix fols quatre deniers, & pareille fomme à celui qui fera auffi établi au-deffous & proche la ville de Mery, & outre ce, huit deniers pour l'ouverture de chacun

pertuis depuis Polify jufques audit Mery. Sur chaque
feptier de bled, dite mefure de Paris, quatre deniers
à chacun defdits Bureaux, & à chaque pertuis, un
denier; & pour l'avoine & autres grains & légu-
mes, moitié de ce qui eft taxé pour le bled. Pour
chacun cent de toifes de folives de cinq à fept
pouces & bois carré, mefure des Marchands de Paris,
ou plus ou moins à proportion, vingt-trois fols
quatre deniers à chacun defdits Bureaux de Troyes
& Mery, & fix fols huit deniers pour l'ouverture
de chacun pertuis. Sur chaque cent d'aix ou planches, de largeur de dix ou douze pouces, & un
pouce d'épaiffeur, & des autres à proportion, onze
fols huit deniers à chaque Bureau, & trois fols
quatre deniers pour l'ouverture de chaque pertuis.
Sur chacun train de bois à brûler flottant de quatre
branches & de feize coupons de longueur, à chaque
Bureau de Troyes & Mery, treize fols quatre deniers, & pour chaque pertuis, cinq fols fix deniers.
Pour le millier de fagots & cotterets par batteaux,
& fur chaque muid de charbon, cinq fols à chaque
Bureau, & un fol huit deniers à chaque pertuis.
Sur chaque boutique de poiffon, quelque quantité
qu'elle en puiffe contenir, à l'ouverture de chaque
pertuis, & ne fera pour ce payé aucune chofe
èfdits Bureaux. Et fur chaque cent pefant de laine,
toille, fil, étoffes, treillis, & autres marchandifes,
de quelque qualité & nature qu'elles foient, quoique non ci-fpécifiées, qui feront toutes pefées aux
poids qui pour cet effet feront établis èfdits Bureaux,
cinq fols quatre deniers à chacun d'eux, & pour
l'ouverture de chacun pertuis, cinq deniers; lefquels
droits feront payés par toutes perfonnes exemptes
& non exemptes, privilégiées & non privilégiées, &

en cas de conteſtation , les parties ſe pourvoiront
pardevant leſdits Prevôt des Marchands & Echevins
de la Ville de Paris , & par appel au Parlement ,
ſans qu'il ſoit loiſible aux Commis & Prépoſés , &
que le Suppliant ſera tenu entretenir à ſes frais ,
& faire réſider continuellement , & qui ſeront tenus
faire le ſervice , ſans retarder les Marchands , à peine
des dépens , dommages & intérêts d'iceux , dont le
Suppliant ſera reſponſable civilement , de prendre
plus grandes ſommes que celles ci-deſſus , ſous pré-
texte de leur travail , ou autre , à peine de concuſ-
ſion ; & à cet effet , à chaque Bureau & pertuis ,
ſera mis & affiché à un poteau copie , ſur un fer-
blanc , du préſent Arrêt , au lieu où il puiſſe être
facilement lu ; & ſi elle étoit ôtée , en ſera rétabli
une autre à l'inſtant , & à faute de ce , ne ſera
payé aucun droit par les Voituriers , & en ce cas
auront liberté entière de paſſer ſans payer ; n'en-
tendant Sa Majeſté néanmoins que , par leſdits Ouvrages , le partage des eaux entre la Ville de Troyes
& le Canal ancien de la Rivière , puiſſe être changé
en aucune manière , ainſi ſera le Surot qui fait la
diviſion , entretenu en l'état où il eſt à préſent ,
à l'effet que les eaux qui vont pour l'uſage de la
Ville de Troyes ne puiſſent être diminuées ; &
en conſidération de ladite dépenſe , a Sa Majeſté
encore accordé au Suppliant l'établiſſement de deux
Marchés chaque ſemaine , en deux Bourgs , ou lieux
étant ſur ladite Rivière , qu'il jugera les plus commodes à cet effet , & deux Foires audit lieu de
Poliſy , & lui permet de conſtruire deux Moulins
à papier ſur ladite Rivière , aux endroits propres.
Ordonne néanmoins Sa Majeſté , que tous les droits
ci-deſſus ſeront diminués par moitié toutes fois &

quantes qu'il plaira à ſadite Majeſté , faire rembourſer le Suppliant de la ſomme de ſoixante - quinze mille livres ; & jouira ledit Suppliant, ſes hoirs & ayant-cauſe, à perpétuité de l'autre moitié deſdits droits , & deſdites Foires , Marchés , & Moulins établis , pour le ſurplus de ſa dépenſe & frais qu'il conviendra faire pour la conſervation & entretien des Ouvrages à l'avenir ; & ſeront toutes Lettres néceſſaires pour l'exécution du préſent Arrêt, expédiées au Suppliant , & cependant icelui exécuté nonobſtant oppoſitions , empêchemens , ou appellations quelconques , dont ſi aucunes interviennent , Sa Majeſté s'en réſerve la connoiſſance & à ſondit Conſeil. Fait au Conſeil d'Etat du Roi , Sa Majeſté y étant , tenu à Paris , le onzième jour d'Avril , mil ſix cent ſoixante-cinq.

Signé, DE LIONNE.

LOUIS, par la grace de Dieu, Roi de France & de Navarre : A nos amés & féaux Conſeillers , les Gens tenant notre Cour de Parlement de Paris , Prevôt des Marchands , & Echevins de notredite Ville , SALUT. Nous vous mandons & ordonnons par ces préſentes , ſignées de notre main , que l'Arrêt dont l'extrait eſt ci-attaché ſous le contre - ſcel de notre Chancellerie , cejourd'hui donné en notre Conſeil d'Etat , ſur la Requête de notre très-cher Couſin le ſieur du Pleſſis-Praſlain , Maréchal de France , vous ayez à faire enregiſtrer & à tenir la main , chacun de vous en droit ſoi , à ſon exécution , que nous voulons avoir lieu , nonobſtant oppoſitions , empêchemens , ou appellations quelconques , dont, ſi aucunes interviennent, Nous nous en réſervons la connoiſſance

& à notre Conseil ; Commandons à l'un des Huissiers de notredit Conseil, ou autre notre Huissier ou Sergent premier requis, de faire pour la susdite exécution, toutes significations, & généralement tous autres actes de Justice qui seront nécessaires, sans pour ce demander autre permission; & sera ajouté foi aux copies dudit Arrêt & de ces présentes, duement collationnées par l'un de nos amés & féaux Conseillers & Secrétaires, comme aux Originaux : CAR tel est notre plaisir. Donné à Paris, le onzième jour d'Avril, l'an de grace mil six cent soixante-cinq, & de notre Regne le vingt-deuxième. *Signé*, LOUIS. Et plus bas : Par le Roi, DE LIONNE. Et scellé du grand Sceau de cire jaune.

Collationné aux Originaux, par moi Conseiller Secrétaire du Roi & de ses Finances.

De l'Imprimerie de SEGUY-THIBOUST, Place Cambray.

TABLE.

ERRATA

*P*AGE 49, *ligne* 19, les vins, *lisez* ces vins.

P. 65, *l.* 13, exception, *lisez* exception.

P. 67, *l.* 9, fera le, *lisez* feront les.

Idem. l. 10, éclairera, *lisez* éclaireront.

P. 68, *l.* 4, a une, *lisez* à une.

Idem. L 14, accroître, *lisez* acroître.

P. 71, *l.* 4, d'Alzace, *lisez* d'Alsace.